高等职业教育核心课程教材

数控机床故障诊断与维修

主 编 韦伟松 岑 华
副主编 邓 广 兰小光 林春宇

电子工业出版社
Publishing House of Electronics Industry
北京·BEIJING

内 容 简 介

本书主要介绍了数控机床故障诊断与维修的目的及特点，数控机床维护维修安全规范，数控机床的验收、安装与调试，数控机床机械调整及维护。以 FANUC 及广州数控系统为主线，详细介绍了数控系统组成、数控硬件连接辨别与诊断、数控机床伺服系统硬件连接与伺服参数设置、数控机床伺服系统位置检测装置故障诊断与维修，以及数控系统数据备份与恢复等内容。此外，还介绍了数控机床主轴驱动及控制故障诊断与维修的相关内容。

本书以项目教学方式，基于工作过程设计教学内容。全书有 7 个模块，每个模块包括 2 个项目，由浅入深，详细地介绍了数控机床常用系统的故障诊断与维修，并将理论知识和实际操作有机结合，让学生通过本书的学习能够很好地掌握数控系统故障诊断与维修的理论知识，又能进行实际操作。

本书可作为高等职业教育院校数控专业的教材，也可作为数控机床培训单位或职业技能培训单位的培训资料，还可供相关技术人员参考。

未经许可，不得以任何方式复制或抄袭本书之部分或全部内容。

版权所有，侵权必究。

图书在版编目（CIP）数据

数控机床故障诊断与维修 / 韦伟松，岑华主编. —北京：电子工业出版社，2018.4
ISBN 978-7-121-33967-7

Ⅰ.①数… Ⅱ.①韦… ②岑… Ⅲ.①数控机床－故障诊断－高等学校－教材②数控机床－维修－高等学校－教材 Ⅳ.① TG659

中国版本图书馆 CIP 数据核字（2018）第 064777 号

策划编辑：祁玉芹
责任编辑：张瑞喜
印　　刷：中国电影出版社印刷厂
装　　订：中国电影出版社印刷厂
出版发行：电子工业出版社
　　　　　北京市海淀区万寿路 173 信箱　邮编：100036
开　　本：787×1092　1/16　印张：13.25　字数：322 千字
版　　次：2018 年 4 月第 1 版
印　　次：2023 年 3 月第 3 次印刷
定　　价：65.00 元

凡所购买电子工业出版社图书有缺损问题，请向购买书店调换。若书店售缺，请与本社发行部联系，联系及邮购电话：（010）88254888，88258888。

质量投诉请发邮件至 zlts@phei.com.cn，盗版侵权举报请发邮件至 dbqq@phei.com.cn。

本书咨询联系方式：（010）68253127。

编委会名单

主　编　韦伟松　岑　华
副主编　邓　广　兰小光　林春宇
参　编　梁幼昌　容隶莹　陈启安
　　　　林　杭　陈　猛
审　稿　莫寿生

前言

随着工业现代化的推进，产品结构和材料不断更新变化，对数控技术及生产效率提出了很高的要求，促进了数控技术的发展。随着数控机床的大量使用和高端数控系统的开发应用，对数控机床维修人员的素质要求越来越高。虽然，现在有不少高等院校已经出版了许多数控机床方面的专著、教材，但普遍是偏向理论与研究，不能满足实际应用的需要，很少有适合高职层次的以数控机床故障诊断与维修为主的教材。目前，企业的数控机床故障诊断与维修人员的培养几乎都只能依靠各种数控机床故障诊断与维修生产厂家的培训或产品使用手册，缺乏相关的系统学习与理论指导。因此，为适应数控维修技术人才及相关机电一体化专业人才的培养，编写一本以操作技能与理论知识有机结合的数控机床故障诊断与维修方面的职业院校课程教材和参考书是十分必要的。

本书主要介绍了数控机床故障诊断与维修的目的及特点，数控机床维护维修安全规范，数控机床的验收、安装与调试，数控机床机械调整及维护，以FANUC及广州数控系统为主线，详细介绍了数控系统组成、数控硬件连接辨别与诊断、数控机床伺服系统硬件连接与伺服参数设置、数控机床伺服系统位置检测装置故障诊断与维修，以及数控系统数据备份与恢复等内容，此外还介绍了数控机床主轴驱动及控制故障诊断与维修的相关内容。

本书以项目教学方式，基于工作过程设计教学内容。全书有7个模块，每个模块包括2个项目，由浅到深，详细地介绍了数控机床常用系统的故障诊断与维修，并将理论知识和实际操作有机结合，让学生通过本书的学习能够很好地掌握数控系统故障诊断与维修的理论知识，又能进行实际操作。本书由广西现代职业技术学院韦伟松、岑华担任主编，邓广、兰小光、林春宇担任副主编。其中模块一由韦伟松编写，模块二由兰小光、林杭编写，模块三由林春宇、陈猛编写，模块四由岑华编写，模块五由梁幼昌、容隶莹编写，模块六由莫寿生、陈启安编写，模块七由邓广编写。本书在编写过程中参阅了部分高职、高校同类教材内容及FANUC、广州数控公司编写的数控机床维修基础培训教程，在此一并表示衷心的感谢！

由于编者经验及知识水平有限，书中难免有疏漏和不足之处，诚请读者批评指正！

编 者

2018年2月

目录

模块一　数控机床故障诊断与维护概论 1

 项目 1-1　数控机床故障诊断与维修的目的及特点 1

  知识准备 2

   一、数控机床故障诊断及维修的目的 2

   二、数控机床故障诊断及维护的特点 3

  拓展知识 4

  任务实施 7

 项目 1-2　数控机床维护维修安全规范 8

  知识准备 9

   一、警告、注意和注释 9

   二、维修作业有关的警告 9

   三、更换作业有关的警告 10

   四、参数设定有关的警告和注意事项 10

   五、日常维护相关的警告和注意事项 11

  拓展知识 11

  任务实施 14

教学评价 16

学后感言 19

任务习题 19

模块二　数控机床的验收、安装调试 20

项目 2-1　数控机床的验收 20

知识准备 21

一、数控机床验收概述 21

二、数控机床的验收标准 21

三、数控机床的精度检查内容 22

任务实施 23

一、任务描述 23

二、实施准备 28

三、实施过程 28

四、实施项目任务书及报告 29

项目 2-2　数控机床的安装与调试 30

知识准备 31

一、安装调试前的准备 31

二、数控机床安装前的开箱检查 32

三、数控机床安装 32

四、数控机床通电测试 33

五、数控机床安装完毕试运行 35

任务实施 36

一、任务描述 36

　　　二、实施准备 36

　　　三、实施过程 36

　　　四、实施项目任务书及报告书 39

　教学评价 41

　学后感言 44

　任务习题 44

模块三　数控机床机械调整及维护 45

项目 3-1　数控车床加润滑油、检查各传动件 45

　知识准备 46

　　　一、认识数控机床主传动系统 46

　　　二、认识数控机床进给传动系统 50

　　　三、认识数控机床润滑系统 52

　　　四、数控机床主传动系统机械结构的故障维修 54

　　　五、数控机床进给传动部件故障的维修 56

　拓展知识 60

　　　一、主轴的密封与结构调整 60

　　　二、数控机床机械辅助装置故障的维修 62

　任务实施 63

　　　一、任务描述 63

　　　二、实施准备 63

　　　三、实施过程 64

　　　　四、实施项目任务书和报告 65

　项目 3-2　数控机床电缆护套的辨别与诊断 66

　　　　一、数控机床不同时期的管理 67

　　　　二、数控机床的使用管理 68

　　任务实施 76

　　教学评价 78

　　学后感言 81

　　任务习题 81

模块四　数控系统原理及 CNC 装置功能 82

　项目 4-1　数控车床系统组成结构 83

　　知识准备 83

　　　　一、认识数控系统 83

　　　　二、FANUC 数控系统 88

　　　　三、广州数控系统 92

　项目 4-2　数控硬件连接辨别与诊断 97

　　知识准备 97

　　　　一、数控系统主要部件及接口 97

　　　　二、数控系统故障诊断 101

　　任务实施 105

　　　　一、任务描述 105

　　　　二、实施准备 105

　　　　三、实施过程 106

四、实施项目任务书和报告书 111

　教学评价 113

　学后感言 116

　任务习题 116

模块五　数控机床伺服系统故障诊断与维修 117

　项目 5-1　数控机床伺服系统硬件连接与伺服参数设置 117

　　知识准备 118

　　　一、认识伺服系统 118

　　　二、进给伺服系统故障诊断与维修 121

　　　三、主轴伺服系统的故障诊断与维护 123

　　拓展知识 125

　　　一、进给伺服系统的常见故障及诊断实例 125

　　　二、主轴伺服系统的故障诊断与维护实例 126

　　任务实施 128

　　　一、任务描述 128

　　　二、实施准备 130

　　　三、实施过程 131

　　　四、实施任务书和报告书 134

　项目 5-2　数控机床伺服系统位置检测装置故障诊断与维修 136

　　知识准备 136

　　　一、位置检测装置概述 136

　　　二、位置检测装置的分类 137

三、常用位置检测元件 137

　　四、位置检测系统安装及日常维护 141

拓展知识 143

任务实施 146

　　一、任务描述 146

　　二、实施准备 146

　　三、实施过程 146

　　四、实施项目任务书和报告书 148

教学评价 150

学后感言 153

任务习题 153

模块六　数控系统数据备份恢复 154

项目 6-1　数控系统参数备份与恢复 155

知识准备 155

　　一、数控系统数据备份恢复基础知识 155

　　二、参数恢复的方法 155

任务实施 156

　　一、任务描述 156

　　二、实施准备 156

　　三、实施过程 156

　　四、实施项目任务书和报告书 158

项目 6-2　使用 CF 卡在 CNC 数据进行输入、输出 160

知识准备 160

    一、认识 CF 卡及系统存储区域 160

    二、数据输入 / 输出操作的方法 161

任务实施 162

    一、任务描述 162

    二、实施准备 162

    三、实施过程 162

    四、实施项目任务书和报告书 167

教学评价 169

学后感言 172

任务习题 172

模块七　数控机床主轴驱动及控制故障诊断与维修 173

项目 7-1　变频器工作原理、参数设置 174

知识准备 174

    一、认识变频器 174

    二、通用变频器 178

任务实施 184

    一、任务描述 184

    二、实施准备 185

    三、实施过程 185

    四、实施项目任务书和报告书 187

项目 7-2　变频器主轴控制调节 189

一、认识主轴驱动系统 189

　　二、主轴变频驱动系统 191

任务实施 191

　　一、任务描述 191

　　二、实施准备 191

　　三、实施过程 192

　　四、实施项目任务书和报告书 194

教学评价 196

学后感言 199

任务习题 199

参考文献 200

模块一　数控机床故障诊断与维护概论

本模块将重点介绍数控机床故障诊断及维修的意义、数控机床维护维修安全规范。旨在让同学们了解数控机床故障诊断及维修的意义,掌握相关数控机床维护维修的安全规范。

 学习目标

【知识目标】

1. 了解数控机床诊断和维修的目的与意义。
2. 了解数控机床故障的来源及分类。
3. 掌握数控机床维修安全规范。

【技能目标】

1. 掌握数控机床维修安全急救技能。

 工作任务

项目 1-1 数控机床故障诊断与维修的目的及特点。
项目 1-2 数控机床维护维修安全规范。

项目 1-1　数控机床故障诊断与维修的目的及特点

随着电子技术和自动化技术的发展,数控技术的应用越来越广泛。数控机床的应用给机械制造业的发展创造了条件,并带来了很大的经济效益。但同时,由于它们的先进性、复杂性和智能化高的特点,在维修理论、技术和手段上都需要较高要求。因此,学习和掌握数控机床故障诊断和维修技术,已经成为保证企业正常生产的关键技术之一。

一、数控机床故障诊断及维修的目的

　　数控机床是机电一体化技术应用在机械加工领域的典型产品，是将计算机、自动化、电动机及驱动、机床、传感器、气动和液压、机床电气及PLC等技术集于一体的自动化设备，它具有高精度、高效率和高适应性的特点。要发挥数控机床的高效益，就要保证它的开工率，这就对数控机床提出了稳定性和可靠性的要求。数控维修技术不仅是保障正常运行的前提，对数控技术的发展和完善也起到了巨大的推动作用，目前它已经成为一门专门的学科。

　　另外，数控机床是一种过程控制设备，这就要求它在实时控制的每一时刻都准确无误地工作。任何部分的故障与失效，都会使机床停机，从而造成生产中断。因此，对数控系统这样原理复杂、结构精密的装置进行维护维修就显得十分必要了。数控机床是十分昂贵的设备，在许多精密制造行业中，往往花费了几十万元甚至上千万元，并且均处于关键的生产环节，若在出现故障后得不到及时维修排除故障，就会造成较大的经济损失。

图 1-1-1　数控机床的精密加工

　　数控机床除了具有高精度、高效率和高技术的要求外，还应具有高可靠性。衡量其高可靠性的指标有：

　　➤　MTBF（Mean Time Between Failure）——平均无故障时间。

MTBF = 总工作时间 / 总故障次数。是平均无故障的修理时间，即两次故障间隔的平均时间。

　　➤　MTTR（Mean Time To Repair）——平均修复时间。

　　当设备发生故障后，需要及时进行排除，从开始排除故障直到数控机床能正常使用所需要的时间称为平均修复时间 MTTR。排除故障的修理时间（MTTR）越短越好。

　　➤　平均有效度 A：

$$A = \text{MTBF} / (\text{MTBF} + \text{MTTR})$$

平均有效度 A 反映了数控机床的可维修性和可靠性。是指可维修的设备在某一段时间内维持其性能的概率,这是一个小于 1 的正数,数控机床故障的平均修复时间越短,则 A 就越接近 1,那么数控机床的使用性能就越好,可靠性越强。

为了提高 MTBF(平均无故障时间),降低 MTTR(平均修复时间),一方面要加强机床的日常维护,延长其平均无故障时间;另一方面在出现故障后,要尽快诊断出故障的原因并加以修复。如果用人的健康来比喻,就是平时要注意保养,避免生病;生病后,要及时就医,诊断出病因,对症下药,尽快康复。数控机床的综合性和复杂性决定了数控机床的故障诊断及维护有自身的方法和特点,掌握好这些方法,就可以保证数控机床稳定、可靠的运行。

二、数控机床故障诊断及维护的特点

数控机床的故障频率的高低,整个使用寿命期可以分为三个阶段,即初始使用阶段(跑合阶段)、相对稳定阶段(稳定磨损阶段)和快速磨损阶段,如图 1-1-1 和图 1-1-2 所示。

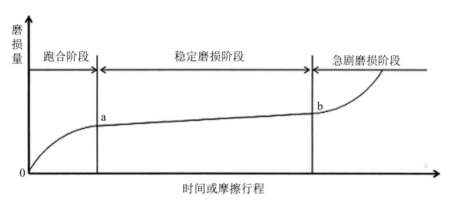

图 1-1-2 机械磨损故障的规律曲线

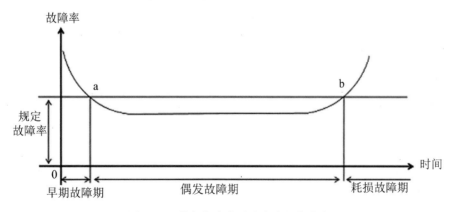

图 1-1-3 数控机床的故障发生规律曲线

1. 初始使用阶段

机床安装调试后，开始运行半年至一年期间为初始使用阶段。这个阶段的故障特点是故障概率比较高，随时间迅速下降。

从机械角度看，在这一阶段虽然经过了试生产磨合，但是由于零部件还存在着几何形状偏差，在完全磨合前，表面还比较粗糙；零件在装配中存在几何误差，在机床使用初期可能引起较大的磨合磨损，使机床相对运动部件之间产生过大间隙。

从电气角度看，数控系统及电气驱动装置使用大量的大规模集成电路和电子电力器件，在实际运行时，由于受交变负载、电路通断的瞬时浪涌电流及反馈电动势等的冲击，某些元器件经受不起初期考验，因电流或电压击穿而失效，致使整个设备出现故障。

从人为因素看，数控机床开始投入使用，使用人员对机床还不是很熟悉，对数控机床的参数不熟，使用的加工刀具和切削用量不合理等，致使数控机床出现故障。

为此，在数控机床的初始使用阶段要加强对机床的监测，定期对机床进行机电调整，保证设备各种运行参数处于技术范围之内。

2. 相对稳定阶段

设备在经历了初始使用阶段后，零部件得到充分的磨合，各部件之间的精度经过适当的调整，使用机床的人员更加熟悉机床，趋于达到人机合一，这个时候数控机床开始进入相对稳定的正常运行阶段。相对稳定阶段的时间比较长，一般达到 7 到 10 年。在这个阶段，数控机床性能稳定，机床各零部件的故障较少，但是不排除偶发性故障的产生，因此要坚持做好设备运行记录，以备排除故障时参考。另外，要坚持每隔半年对设备作一次机电综合检测和复校。在相对稳定阶段，数控机床的机电故障发生的概率很小，而且发生故障大多数都是可以排除的。

3. 快速磨损阶段

机床进入快速磨损阶段后，各种元器件开始加速磨损和老化，机床故障率开始逐年递增，故障性质趋于渐发性和实质性，如因密封件老化而漏油、轴承磨损失效、零件疲劳断裂，限位开关失效等，以及某些电子元器件品质因素导致性能的下降等。总之进入这个阶段，要坚持做好设备运行的记录，合理判断数控机床的使用年限，为设备充分发挥最大地经济效益。

数控机床常见故障及其分类

1. 按故障发生的部位分类

（1）主机故障

数控机床的主机通常指组成数控机床的机械、润滑、冷却、排屑、液压、气动与防护等装置。主机常见的故障主要有：
- ◆ 因机械部件安装、调试、操作使用不当等原因引起的机械传动故障。
- ◆ 因导轨、主轴等运动部件的干涉、摩擦过大等原因引起的故障。
- ◆ 因机械零件的损坏、联结不良等原因引起的故障，等等。

主机故障主要表现为传动噪声大、加工精度差、运行阻力大、机械部件动作不进行、机械部件损坏等。润滑不良、液压、气动系统的管路堵塞和密封不良，是主机发生故障的常见原因。数控机床的定期维护、保养、控制和根除"三漏"现象发生是减少主机部分故障的重要措施。

(2) 电气控制系统故障

从所使用的元器件类型上，根据通常习惯，电气控制系统故障通常分为"弱电"故障和"强电"故障两大类。

"弱电"部分是指控制系统中以电子元器件、集成电路为主的控制部分。数控机床的弱电部分包括 CNC、PLC、MDI/CRT 以及伺服驱动单元、输出单元等。

"弱电"故障又有硬件故障与软件故障之分。硬件故障是指上述各部分的集成电路芯片、分立电子元器件、接插件，以及外部连接组件等发生的故障。软件故障是指在硬件正常情况下所出现的动作出错、数据丢失等故障，常见的有加工程序出错，系统程序和参数的改变或丢失，计算机运算出错等。

"强电"部分是指控制系统中的主回路或高压、大功率回路中的继电器、接触器、开关、熔断器、电源变压器、电动机、电磁铁、行程开关等电气元器件及由其所组成的控制电路。这部分的故障虽然维修、诊断较为方便，但由于它处于高压、大电流工作状态，发生故障的几率要高于"弱电"部分，必须引起维修人员足够的重视。

2. 按故障的性质分类

(1) 确定性故障

确定性故障是指控制系统主机中的硬件损坏或只要满足一定的条件，数控机床必然会发生的故障。这一类故障现象在数控机床上最为常见，但由于它具有一定的规律，因此也给维修带来了方便。

确定性故障具有不可恢复性，故障一旦发生，如不对其进行维修处理，机床不会自动恢复正常。但只要找出发生故障的根本原因，维修完成后机床立即可以恢复正常。正确地使用与精心维护是杜绝或避免故障发生的重要措施。

(2) 随机性故障

随机性故障是指数控机床在工作过程中偶然发生的故障。此类故障的发生原因较隐蔽，很难找出其规律性，故常称之为"软故障"，随机性故障的原因分析与故障诊断比较困难，一般而言，故障的发生往往与部件的安装质量、参数的设定、元器件的品质、软件设计不完善、工作环境的影响等诸多因素有关。

随机性故障有可恢复性，故障发生后，通过重新开机等措施，机床通常可恢复正常，但在运行过程中，又可能发生同样的故障。加强数控系统的维护检查，确保电气箱的密封，可靠的安装、连接，正确的接地和屏蔽是减少、避免此类故障发生的重要措施。

3. 按故障的指示形式分类

（1）有报警显示的故障

数控机床的故障显示可分为指示灯显示与显示器显示两种情况。

◆ 指示灯显示报警

指示灯显示报警是指通过控制系统各单元上的状态指示灯（一般由 LED 发光管或小型指示灯组成）显示的报警。根据数控系统的状态指示灯，即使在显示器故障时，仍可大致分析判断出故障发生的部位与性质。因此，在维修、排除故障过程中应认真检查这些状态指示灯的状态。

◆ 显示器显示报警

显示器显示报警是指可以通过 CNC 显示器显示出报警号和报警信息的报警。由于数控系统一般都具有较强的自诊断功能，如果系统的诊断软件以及显示电路工作正常，一旦系统出现故障，可以在显示器上以报警号及文本的形式显示故障信息。数控系统能进行显示的报警少则几十种，多则上千种，它是故障诊断的重要信息。在显示器显示报警中，又可分为 NC 的报警和 PLC 的报警等两类。前者为数控生产厂家设置的故障显示，它可对照系统的"维修手册"来确定可能产生该故障的原因；后者是由数控机床生产厂家设置的 PLC 报警信息文本，它可对照机床生产厂家所提供的"机床维修手册"中的有关内容，来确定故障所产生的原因。

（2）无报警显示的故障

这类故障发生时，机床与系统均无报警显示，其分析诊断难度通常较大，需要通过仔细、认真的分析判断才能予以确认。特别是对于一些早期的数控系统，由于系统本身的诊断功能不强，或无 PLC 报警信息文本，出现无报警显示的故障情况则更多。

对于无报警显示故障，通常要具体情况具体分析，根据故障发生前后的变化，进行分析判断，原理分析法与 PLC 程序分析法是解决无报警显示故障的主要方法。

4. 按故障产生的原因分类

（1）数控机床自身故障

这类故障的发生是由于数控机床自身的原因所引起的，与外部使用环境条件无关。数控机床所发生的绝大多数故障均属此类故障。

（2）数控机床外部故障

这类故障是由于外部原因所造成的。供电电压过低、过高或波动过大；电源相序不正确或三相输入电压的不平衡；环境温度过高；有害气体、潮气、粉尘授入；外来振动和干扰等都是引起故障的原因。此外，人为因素也是造成数控机床故障的外部原因之一，据有关资料统计，首次使用数控机床或由不熟练工人来操作数控机床，在使用的第一年，操作不当所造成的外部故障要占机床总故障的三分之一以上。

任务实施

请列举出衡量数控机床的可靠性指标,说明数控机床不同阶段的故障特点(见项目任务书和项目任务报告)。

1. 项目任务书

项目任务书

姓名		任务名称	
指导老师		小组成员	
课时		实施地点	
时间		备注	
任务内容			
1. 请列举出衡量数控机床的可靠性指标。 2. 请说明数控机床不同阶段的故障特点。			
考核项目	1. 数控机床的可靠性指标		
	2. 初始使用阶段数控机床的故障特点		
	3. 相对稳定阶段数控机床的故障特点		
	4. 快速磨损阶段数控机床的故障特点		

2. 项目任务报告

项目任务报告

姓名		任务名称	
班级		小组成员	
完成日期		分工内容	
报告内容			
1. 数控机床的可靠性指标			
2. 初始使用阶段数控机床的故障特点			
3. 相对稳定阶段数控机床的故障特点			
4. 快速磨损阶段数控机床的故障特点			

项目 1–2　数控机床维护维修安全规范

在维护维修数控机床时，若不遵守有关的安全操作规范，容易造成设备损坏，甚至发生人身伤害事故。在维护维修数控机床前，除了要熟悉数控机床厂家提供的机床操作手册外，还须经过专业的安全和技术培训。因此，掌握好本课程的安全规范非常重要。

数控机床的维修作业伴有各种危险，所以这类作业应由充分接受过有关维修和安全方面培训的技术人员负责进行。为了更加安全地维修数控机床，本项目描述了与数控机床装置相关的一般注意事项。在具体特定型号的机床维修时，还应该参阅机床制造商提供的说明书。此外，在维修作业中进行机床的运转确认时，应在充分理解机床制造商和数控系统开发公司提供的说明书的基础上进行运转。

 知识准备

一、警告、注意和注释

为保证操作者人身安全，预防机床损坏，"为了安全维修"中根据有关安全的注意事项的重要程度，在各数控机床控制系统或机床制造商提供的说明书中，一般都以"警告"和"注意"来描述，有关的补充说明以"注释"来描述。

1. 警告

适用于：如果错误操作，则有可能导致操作者死亡或受重伤。

2. 注意

适用于：如果错误操作，则有可能导致操作者受轻伤或损坏设备。

3. 注释

适用于：除警告和注意以外的补充说明。

二、维修作业有关的警告

（1）在拆下机床盖板的状态下确认机床的运转情况时

1）在拆开外罩的情况下开动数控机床时，衣物可能会卷到主轴或其他部件中，导致操作者受伤。因此，应站在离机床远点的地方进行检查操作，以确保衣物不会被卷到主轴或其他部件中。

2）请在不进行实际加工的空运行状态下运转机床。因迫不得已而进行实际加工时，会由于机床的错误操作而引起工件夹具脱落，刀具的刀尖破损并飞散的情况，从而引起操作者受伤。因此，应在安全的位置进行确认作业。

（2）打开强电盘的门进行确认作业时

1）强电盘上有高压部分（标有⚠标记的部分），触摸到高电压部分有可能会导致触电。请在确认高电压部分已经盖上盖板之后再进行作业。此外，在进行高电压部分的确认时，直接触摸端子将会导致触电。

2）强电盘内有各类单元的角等凸起物，凸起物可能会导致作业人员受伤，作业时要引起注意。

（3）在维修作业中需要进行实际加工工件时，在未完成下面项目的确认前，不能运转机床。运转机床前要充分确认机床的动作状态，需要确认的项目包括：使用单程序段、

进给速度倍率、机床锁住等功能或没有安装刀具和工件时的空载运转。如果不能肯定机床运转正常，有可能会损坏工件或者机床，甚至导致操作者受伤。

（4）在数控机床运行之前要认真检查所输入的数据，防止数据输入错误。自动运行操作中由于程序或数据错误，可能引起机床动作失控而损坏工件和机床，或导致操作者受伤。

（5）要确保给定的进给速度和打算进行的操作相适应。一般来说对于每一台数控机床有一个可允许的最大进给速度，根据运转内容的不同，所适用的最佳进给速度不同，应参照机床制造商提供的说明书确定最合适的进给速度，否则会加速机床磨损，甚至造成事故。

（6）当采用刀具补偿功能时，要检查补偿方向和补偿量，使用不正确的数据运转机床，会因为机床预想不到的运转而损坏工件和机床，或导致操作者受伤。

三、更换作业有关的警告

（1）更换电子元器件必须在关闭 CNC 的电源和强电主电源后进行。在仅仅关闭 CNC 的电源的情况下，伺服部的电源可能尚处在激活状态，在这种情况下更换单元时可能会使其损坏，同时，操作人员也有触电的危险。

（2）更换大、重的单元时，必须由 2 名以上的作业人员配合进行。如果仅由 1 名作业人员进行，有时会由于更换单元的落下而导致作业人员受伤。

（3）至少要在关闭电源 20 分钟后，才可以更换放大器。在关闭电源后，伺服放大器和主轴放大器的电压会保留一段时间，因此，即使在放大器关闭后也有被电击的危险，至少要在关闭电源 20 分钟后，残余的电压才会消失，如图 1-2-1 所示的 FANUC 伺服放大器。

图 1-2-1　FANUC 伺服放大器

（4）在更换电气单元时，应使更换后的单元与更换前的单元的设定和参数保持一致。如果前后单元的设定和参数不一致，有可能会因为机床预想不到的动作而损坏工件和机床，或导致操作者受伤。

四、参数设定有关的警告和注意事项

（1）为避免由于输入错误的参数造成机床失控，在修改完参数后第一次加工工件时，

要在盖上机床盖板的状态下运转机床，同时在运转机床前须充分确认机床的动作状态是否满足要求。须确认的项目包括：利用单程序段功能、进给速度倍率功能、机床锁定功能或采用不装刀具和工件时的空载运转。验证机床的运行，然后才可正式使用自动加工循环等功能。如果不能确保机床处于正常运转状态，会因为机床预想不到的运转而损坏工件或机床，甚至导致操作者受伤。（警告。）

（2）CNC 和 PLC 的参数在出厂时被设定在最佳值，所以，通常不需要修改其参数。由于某些原因必须修改其参数时，在修改之前要确认已完全了解其功能。如果错误地设定了参数值，机床可能会出现意外的运动，造成事故。（注意事项。）

五、日常维护相关的警告和注意事项

1. 存储器备用电池的更换

更换存储器备用电池应在机床（CNC）电源接通下进行，并使机床紧急停止，这项工作是在接通电源和电器柜打开状态下进行的，要防止触及高压电路，防止触电。（警告。）

由于 CNC 利用电池来保存其存储器中的内容，在断电时换电池，将使存储器中的程序和参数等数据丢失。当电池电压不足时，在机床操作面板和 CRT 屏幕上会显示出电池电压不足报警，当显示出电池电压不足报警时，应在一周内更换电池，否则，CNC 存储器的内容会丢失。更换电池时要按规定的方法进行，电池更换方法参见本项目拓展知识。（注释。）

2. 绝对脉冲编码器备份电池的更换

打开机柜更换绝对脉冲编码器备份电池时，要小心不要接触高压电路部分。触摸不加盖板的高压电路，会导致触电。（警告。）

绝对脉冲编码器利用电池来保存绝对位置。如果电池电压下降，会在机床操作面板或 CRT 屏幕上显示低电池电压报警，当显示出低电池电压报警时，要在一周内更换电池，否则，保留在脉冲编码器中的绝对位置数据会丢失。（注释。）

3. 保险丝的更换

保险丝烧断后需要进行更换前，要排除保险丝烧断的原因后再进行更换。在打开机柜更换保险丝时，小心不要接触到高压电路部分，以免发生触电。

电池的更换方法

偏置数据和系统参数都存储在控制单元的 SRAM 存储器中。SRAM 的电源由安装在控制单元上的锂电池供电。因此，即使主电源断开，上述数据也不会丢失。电池是机床制造商在发货之前安装的。该电池可将存储器内保存的数据保持一年。

当电池的电压下降时，在 LCD 画面上则闪烁显示警告信息"BAT"。同时向 PMC 输出电池报警信号。出现报警信号显示后，应尽快更换电池。1～2 周只是一个大致标准，实际能够使用多久则因不同的系统配置而有所差异。

如果电池的电压进一步下降，则不能对存储器提供电源。在这种情况下接通控制单元的外部电源，就会导致存储器中保存的数据丢失，系统警报器将发出报警。在更换完电池后，就需要清除存储器的全部内容，然后重新输入数据。因此，建议用户不管是否产生电池报警而每年定期更换一次电池。

1. 使用锂电池时的更换方法

锂电池时的更换示意图如图 1-2-2 所示，具体操作步骤如下：

（1）准备好相应型号的锂电池。

（2）接通数控机床（CNC）的电源并保持通电大约 30 秒时间，然后断开电源。

（3）拆下连接器，从电池盒中取出电池（连接器上没有闩锁，只要拉电缆即可拔下连接器）。

（4）更换电池，连接上连接器。

（5）夹紧电池电缆，如图 1-2-3 所示。

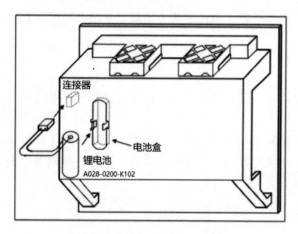
图 1-2-2　锂电池的更换示意图

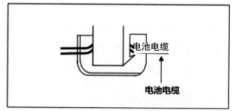
图 1-2-3　电池电缆夹紧示意图

警告：如果没有正确更换电池，可能会导致电池爆炸。电池型号须符合。

注意：从步骤（1）至（4）应在 30 分钟内完成。如果电池脱开的时间太长，存储器中保存的数据将会丢失。如果不能在 30 分钟内完成更换作业，则应事先将 SRAM 中的数据全部保存在存储卡中。这样，即使存储器中保存的数据丢失，也容易进行恢复。

2. 使用外设电池时的更换方法

外设电池的更换示意图如图 1-2-4 所示。具体操作步骤如下。

（1）准备好相应型号的外设电池和外设电池盒。

（2）接通数控机床（CNC）的电源并保持通电大约 30 秒时间，然后断开电源。

（3）拆下连接器，从电池盒中取出电池。

（4）将外设电池装入外设电池盒中，然后将外设电池盒连接上连接器，如图 1-2-5 所示。

（5）将外设电池盒及电缆固定夹紧。

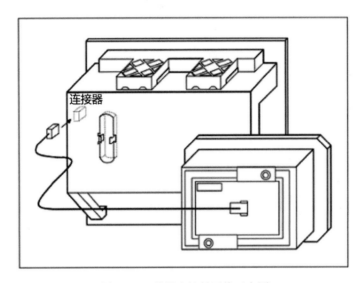

图 1-2-4 外设电池的更换示意图

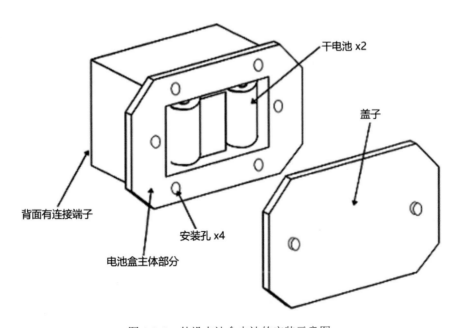

图 1-2-5 外设电池盒电池的安装示意图

任务实施

请总结维护维修时的安全注意事项,更换电子元器件时的注意事项,设定参数时的注意事项及日常维护的注意事项(见项目任务书和项目报告)。

1. 项目任务书

项目任务书

姓名		任务名称	
指导老师		小组成员	
课时		实施地点	
时间		备注	
任务内容			
1. 请说明"警告"、"注意"和"注释"的适用场合。 2. 请简要说明维护维修时的安全注意事项。 3. 请简要说明更换电子元器件时的注意事项。 4. 请简要说明设定参数时的注意事项及日常维护的注意事项。			
考核项目	1. "警告"、"注意"和"注释"的适用场合		
	2. 维护维修时的安全注意事项		
	3. 更换电子元器件时的注意事项		
	4. 设定参数时的注意事项及日常维护的注意事项		

2. 项目任务报告

项目任务报告

姓名		任务名称	
班级		小组成员	
完成日期		分工内容	
报告内容			
1. "警告"、"注意"和"注释"的适用场合			
2. 维护维修时的安全注意事项			
3. 更换电子元器件时的注意事项			
4. 设定参数时的注意事项及日常维护的注意事项			

教学评价

教学评价包括学生自评、学生互评和教师评价。

1. 学生自评

学生自评表　　　　　　　　　　年　月　日

姓名		模块名称	
项目名称		实际得分	标准分
计划与决策（20分）			
是否考虑了安全和劳动保护措施			5
是否考虑了环保及文明使用设备			5
是否能在总体上把握学习进度			5
是否存在问题和具有解决问题的方案			5
实施过程（60分）			
			15
			15
			15
			15
检查与评估（20分）			
是否能如实填写项目任务报告			5
是否能认真描述困难、错误和修改内容			5
是否能如实对自己的工作情况进行评价			5
是否能及时总结存在的问题			5
合计总得分			100
困难所在：			
对自评人的评价：　□满意　　□较满意　　□一般　　□不满意			
改进内容：			
学生签名		教师签名	

2. 学生互评

学生互评表　　　　　　　年　月　日

学生姓名		模块名称	
项目名称		实际得分	标准分
计划与决策（20分）			
是否考虑了安全和劳动保护措施			5
是否考虑了环保及文明使用设备			5
是否能在总体上把握学习进度			5
是否存在问题和具有解决问题的方案			5
实施过程（60分）			
			15
			15
			15
			15
检查与评估（20分）			
是否能如实填写项目任务报告			5
是否能认真描述困难、错误和修改内容			5
是否能如实对自己的工作情况进行评价			5
是否能及时总结存在的问题			5
合计总得分			100
完成不好的内容： 完成好的内容：			
对自评人的评价：　□满意　　□较满意　　□一般　　□不满意			
改进内容：			
学生签名		测评人签名	

3. 教师评价

教师评价表　　　　　　　年　月　日

学生姓名		模块名称	
项目名称		实际得分	标准分
计划与决策（20分）			
是否考虑了安全和劳动保护措施			5
是否考虑了环保及文明使用设备			5
是否能在总体上把握学习进度			5
是否存在问题和具有解决问题的方案			5
实施过程（60分）			
			15
			15
			15
			15
检查与评估（20分）			
是否能如实填写项目任务报告			5
是否能认真描述困难、错误和修改内容			5
是否能如实对自己的工作情况进行评价			5
是否能及时总结存在的问题			5
合计总得分			100
完成不好的内容： 完成好的内容：			
完成情况评价：　□很好　　□较好　　□好　　□一般			
教师评语：			
学生签名		教师签名	

学后感言

_____

_____

_____

_____

_____

_____

_____。

任务习题

1. 衡量机床高可靠性的指标有哪些？在实际维修中我们应该提高哪一个指标和降低哪一个指标？
2. 数控机床的机械磨损故障有什么特点，请画出其规律曲线。
3. 数控机床的故障可大致分为几个阶段？每个阶段有什么特点？请画出数控机床的故障发生规律曲线。
4. 厂家提供的说明书中的"警告"、"注意"和"注释"分别表示什么？
5. 维修作业时应该注意哪些事项？
6. 更换作业时应该注意哪些事项？
7. 参数设定时应该注意哪些事项？
8. 日常维护时应该注意哪些事项？

模块二　数控机床的验收、安装调试

本模块将重点介绍数控机床的验收、数控机床的安装与调试。旨在让同学们了解数控机床验收的内容，了解掌握数控机床相关验收、安装及调试内容，为日后工作打下基础。

学习目标

【知识目标】

1. 了解数控机床的验收标准。
2. 了解数控机床精度检查内容。
3. 了解数控机床尾架、刀架的结构。

【技能目标】

1. 学会拆装数控车床尾架方法。
2. 学会拆装数控车床刀架方法。

工作任务

项目 2-1 数控机床的验收。
项目 2-2 数控机床的安装与调试。

项目 2-1　数控机床的验收

数控机床设备的验收是在正式投入使用前的一项极为重要的工作。正确地进行调试验收是对维修人员的基本要求，也是保证数控机床发挥效能的前提条件。机床的验收工作包括非常多的内容，并且有时需要交叉进行调整和试验工作，具有很强的技术性。因此，需

20

要掌握好相关验收知识。

知识准备

一、数控机床验收概述

数控机床是比较昂贵的装备，在购买时双方都签订了一定的标准要求。机床的验收简单地说就是在机床到位以后根据双方签订好的标准要求进行检验机床是否达到要求。

数控机床在出厂前，机床的制造商是已经进行了相关的检验（制造方厂内验收）。但即使一切技术参数都已经符合相关的标准，在包装运输的过程中，也可能会因为各种原因导致机床的各部分的位置关系发生变化，导致某些零部件磨损或损坏。若不进行再次验收而直接投入使用，会导致采购方此次采购合同的失败以及带来重大的经济损失。因此，作为购买方的维修人员和相关技术人员，在数控机床到厂后重新按照合同要求的各项标准，以及通用类验收标准和检测手段对机床进行最终的调试验收是十分必要的。

1. 制造方厂内验收

保证机床在制造过程中，或者在制造环节能够达到签订的标准以及用户的需求。

2. 采购方的最终验收

按照合同要求的各项标准，以及通用的检验验收标准和检测手段进行对机床的最终验收（包括开箱检验、外观检查、机床性能及功能检验），以保证机床能够满足生产需要。

3. 机床的验收内容

总体来说，机床的验收涉及的主要工作包括：开箱检验和外观检查、机床性能和数控功能检验。

- 机床性能的检验

包括检验主轴、进给、换刀、机床噪声、电气装置、数控装置、气动液压装置、附属装置的运行是否达到设计要求或出厂说明书要求。

- 数控功能的检验

数控功能的检验主要包括运动指令功能、准备指令功能、操作功能、显示功能等。一般是由考机程序来体现出系统性能。

二、数控机床的验收标准

数控机床调试验收应当遵循一定的规范进行，数控机床验收的标准有很多，通常按性质可以分为两大类：通用类标准和产品类标准。

1. 通用类标准

通用类标准主要是对数控机床这一大类产品,规定了通用的调试验收及检验方法,对相关检验检测工具的使用,以及一些涉及到具体数据做了规定。

2. 产品类标准

产品类标准是对具体某种形式的数控机床的检验方法,制造和调试验收的具体要求。

在实际的采购合同中,就某一个产品的具体验收方法,是由机床生产厂家和客户在合同签订过程中谈判协商最终形成大家都能够接受的标准。国内常见的验收标准如表2-1-1。

表 2-1-1 国内常见的验收标准表

标准号	标准名称
GB/T17421.1-1998	机床检验通则第1部分:在无负荷或精加工条件下机床的几何精度
GB/T16462-1996	数控卧式车床精度检验
GB/T4020-1997	卧式车床精度检验
JB/T8324.2-1996	简式数控卧式车床技术条件
JB/T8324.1-1996	简式数控卧式车床
JB/T8771.1-1998	加工中心检验条件第1部分:卧式和带附加主轴机床的几何精度检验(Z轴)
JB/T8771.2-1998	加工中心检验条件第2部分:立式加工中心精度检验
JB/T8771.4-1998	加工中心检验条件第4部分:线性和回转轴线的定位精度和重复定位精度检验
JB/T8771.5-1998	加工中心检验条件第5部分:工件夹持托板的定位精度和重复定位精度检验
JB/T8771.7-1998	加工中心检验条件第7部分:精加工试件精度检验
JB/T6561-1993	数控电火花线切割机导轮技术条件
JB/T8832-2001	机床数字控制系统通用技术条件
JB/T8329.1-1999	数控床身铣床精度检验

三、数控机床的精度检查内容

由表 2-1-1 可知,对数控机床的验收工作几乎都集中于数控机床精度的调试检验,即数控机床的精度检查是机床验收的重中之重。

数控机床精度可以分为:几何精度、定位精度以及工作精度。充分理解数控机床的几个精度,才能更好地把握机床精度的检测内容。

1. 几何精度

机床主体的几何精度可以综合反映机床各个关键的零部件及机床组装后的综合几何形状和位置误差,它包括各零部件自身精度和零部件相互之间的位置精度。常规的验收可以采用部件单项静态精度检测工作来进行,因数控机床设备几何精度的检测内容、工具以及方法都与普通机床相似,故按机床附有的检验报告或者相关精度的检测标准来进行即可。

2. 定位精度

在普通机床上是没有定位精度这个检验项目的,常规的精度标准规定了定位精度、重

复定位精度和反向偏差值,而它们中的每项又分为直线运动精度和回转运动精度,在检查时需要注意以下几个方面:

(1)检查时的环境温度应保证在15℃~25℃之间,且在此温度下等温12小时。
(2)需对其进行空运转及功能试验。
(3)检查应在无负荷条件下进行。

3. 工作精度

数控机床的工作精度主要指机床的切削加工精度。而切削精度在反映出机床的几何精度和定位精度的同时,它还反映出包括环境温度、试件材料及硬度、刀具性能及切削量等因素可能造成的影响。工作精度的验收工作通过综合性的动态精度检测工作来进行。所以为了检测机床真实的切削精度,在验收过程中应尽量排除其他的影响因素。

在对试件进行切削时,可以参照 JB2670-82 中规定的有关条文来进行,或按机床所附有关技术资料规定的具体条件进行。切削精度检测可分为单项加工精度检测和综合加工精度检测,针对不同类型机床的检测内容的不同,可根据自己的检测条件和要求,进行合理选择。

任务实施

一、任务描述

现有一台数控机床到达使用现场,请完成对该机床的验收工作,如表 2-1-2 所示。

表 2-1-2 数控机床验收流程表

序号	阶段	阶段任务	任务内容/实施步骤	备注
1	机床验收前的准备工作	1.1 技术文件准备	(1)合同书 (2)厂家资料:发货清单、《操作说明书》、《电气手册》、《维护手册》、《机械说明书》等;(厂家资料一般在包装箱内) (3)引用的相关标准规范	这些技术文件应该能够完整描述该数控机床的验收标准、检验手段及机床结构说明,以便验收人员能够根据这些技术文件进行安装、调试和验收
		1.2 基本工具准备	(1)精密水平仪 (2)千分表及表座 (3)大理石方尺 (4)标准芯棒 (5)双频激光干涉仪 (6)其他:万用表、速度计、游标卡尺、平尺、直角尺、量块、扳手及开箱工具等	这里列举的工具主要是用于数控机床精度的调试验收以及试加工工件的检测验收

(续表)

序号	阶段	阶段任务	任务内容/实施步骤	备注
2	机床安装前的验收	2.1 开箱检查	（1）检查包装箱外是否完好，有无碰、摔伤；打开外包装后，检查内包装外观是否完好；拆除包装后，检查机床外观是否损伤；对机床铭牌进行核对，检查型号是否相符。 （2）根据清单与合同书规定，查找所有附件、技术文件，以及随机赠送的附件和零配件，检查有无损坏及型号类型是否相符，检查合格后需移交给专人保管，以免遗失。 （3）清点机床资料。数控机床随机的资料比较多，一般都包含有《机械说明书》、《操作说明书》、《电气手册》、《系统编程手册》、《系统维护手册》还包括一些附件的说明书、系统的保修证书等。有些资料需要用于现场验收使用，待验收完毕后需归类交由专人管理	
3	机床安装后的验收	3.1 机械机构检查	检查传动链皮带，连轴器及各处连接是否松动，齿轮、丝杠与轴承润滑状态，导轨润滑、液压、气动系统的接头、管路等是否存在明显阻塞或密封不良的情况等	
		3.2 机床电器检查	检查继电器、接触器、熔断器和伺服电动机速度控制单元插座等是否有松动，连接电缆捆绑处是否有破损，需要盖罩的接线端子座是否都有盖罩	
		3.3 电箱检查	检查其中的各类插座是否完好	
		3.4 接线质量检查	检查接线质量需要检查所有的接线端子。其中包括强电和弱电部分在装配时机床生产厂自行接线的端子，以及各电动机电源线的接线端子	
		3.5 地线检查	机床的安装要求要具有良好的地线。电器设备与外部保护导线端子的任何裸露导体零件和机床外壳之间的电阻值最大只能是 0.1Ω，机床设备接地电阻的电阻值一般要求小于 4Ω（用表测量）	
		3.6 电源相序检查	检查输入电源的相序与机床上各处标定的电源相序是否保持一致	
		3.7 操作面板上按钮及开关检查	根据机床生产产家提供的系统图检查操作面板上所有按钮、开关以及指示灯的接线是否全部准确，检查CRT单元上的插座及接线是否有误	

(续表)

序号	阶段	阶段任务	任务内容/实施步骤	备注
4	机床调试过程中的验收	4.1 几何精度调试过程验收	（1）机床真直度检验调试 将两个水平仪，以相互垂直的方式放置在工作台上（其中一个与 X 向平行、一个与 Y 向平行）。在检测时将工作台沿 X 向移动，在左、中、右三个点上分别查看水平仪的数据。比较这些数据的差值，使其最大值不超过允差值为限。 如果机床真直度不能够达到标准要求，可以通过调整机床地脚螺栓，将数控机床的真直度调好。 （2）机床各轴相互间垂直度 1）检验 X、Y 垂直度 ① 将方尺平放在工作台上； ② 用千分表找平 X 向或者 Y 向任意一边； ③ 然后用千分表检验另外一边； ④ 两端读数的差值为误差值，该误差值需在规定范围内。 2）检验 X、Z 垂直度 ① 将检验方尺沿 X 向放置； ② 将千分表夹持在 Z 轴上； ③ 将表靠在方尺检验面上，沿 Z 轴上下移动； ④ 表在上下的读数的差值即为该项精度的值。 3）检验 Y、Z 垂直度 Y、Z 间的垂直度的检验方法和 X、Z 间垂直度的检验方法是一致的，只不过将检验方尺的方向做一个 90° 的旋转。	（1）机床真直度检验调试示意图 （2）机床各轴相互间垂直度 1）检验 X、Y 垂直度过程图示 2）检验 X、Z 垂直度过程图示 3）检验 Y、Z 垂直度过程图示

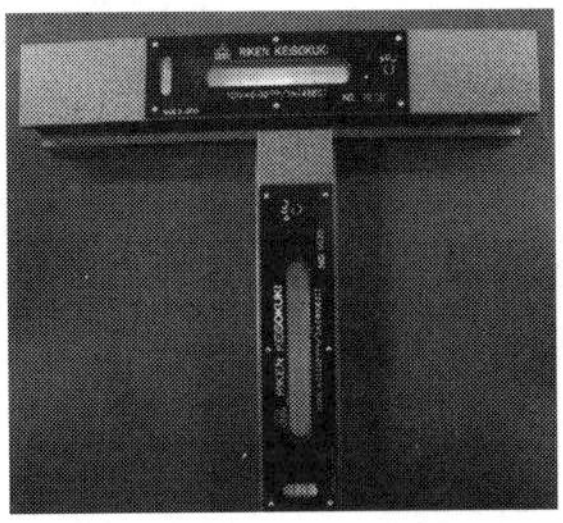

(续表)

序号	阶段	阶段任务	任务内容/实施步骤	备注
4	机床调试过程中的验收	4.1 几何精度调试过程验收	（3）主轴中心对工作台的垂直度 1）将千分表置于主轴上，将主轴至于空档或者易于手动旋转的位置上； 2）将千分表环绕主轴旋转，设置并确认千分表的触头相对与主轴中心的旋转半径为150mm； 3）将千分表在工作台上旋转一周，记录下其在前后以及左右的读数差值； 4）这两组差值反映了主轴相对于工作台面的垂直度。	（3）检验主轴中心对工作台的垂直度过程图示 
			（4）工作台与 X 向运动的平行度 1）将千分表夹持在 Z 轴上，将表触头至于工作台面上； 2）将工作台从 X 原点移至负方向的最远点； 3）其间，读数的最大值以及最小值的差值为其精度值。	（4）检验工作台与 X 向运动的平行度过程图示 
			（5）工作台与 Y 向运动的平行度 1）将千分表夹持在 Z 轴上，将表触头至于工作台面上； 2）将工作台从 Y 原点移至负方向的最远点； 3）其间，读数的最大以及最小值的差值为其精度值。	（5）检验工作台与 X 向运动的平行度过程图示 
			（6）梯形槽跳动 1）用千分表去拉工作台上的主梯形槽； 2）其读数的最大值最小值为梯形槽的跳动值。	（6）检验梯形槽跳动过程图示 

（续表）

序号	阶段	阶段任务	任务内容/实施步骤	备注
4	机床调试过程中的验收	4.1 几何精度调试过程验收	（7）主轴轴向跳动 1）将千分表顶住主轴端面； 2）旋转主轴千分表会出现测量值的变动； 3）这一个变动的数值即为主轴轴向跳动； 也可将千分表顶住标准芯棒的下端，旋转主轴，观察千分表的变化。 （8）主轴锥孔偏摆 1）在主轴上，装入测量长为300mm的标准芯棒； 2）用千分表顶住主轴近端以及下端300mm处； 3）主轴旋转过程中千分表变化的最大值，分别为这两处的偏摆测定值。	（7）检验主轴轴向跳动过程图示 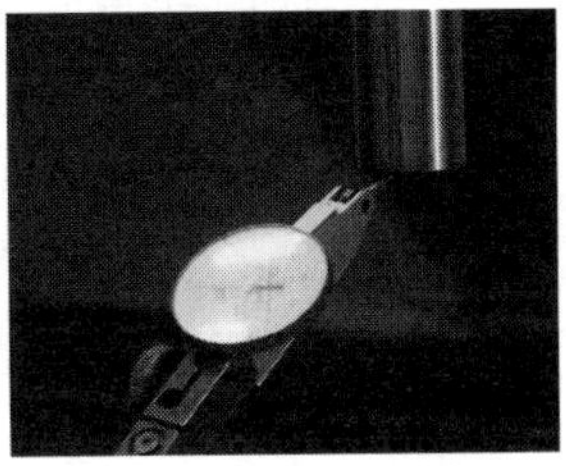 （8）检验主轴锥孔偏摆过程图示 
		4.2 位置精度调试过程验收	（1）测量定位精度； （2）测量重复定位精度； （3）测量方向偏差。 （4）实施步骤： 1）编制位置精度检验程序； 2）将双频激光干涉仪安装至测量位置并连接好； 3）运行机床； 4）测量、分析机床的位置精度值； 5）进行位置进度补偿。	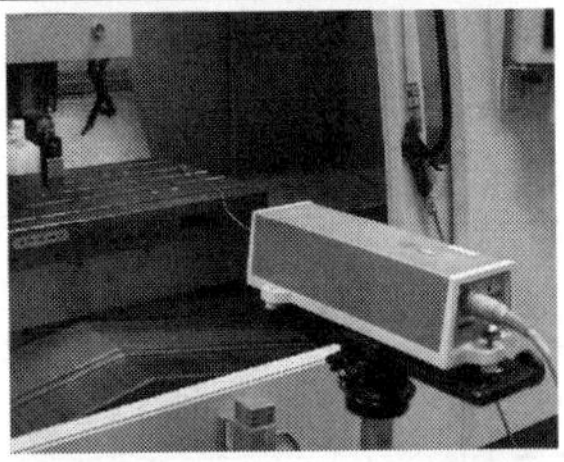 
5	机床试运行与综合实验时的验收	5.1 机床的空运行	（1）温升检验； （2）主运动和进给运动检验； （3）动作检验； （4）安全防护和保险装置检验； （5）噪声检验； （6）液压、气动、冷却、润滑系统的检验；设备的空运转的时间应该符合相关规定，且连续无故障运行。	
		5.2 数控功能检验	（1）各常规运行功能的检验； （2）各外围设施运行功能的检验； （3）插补功能的检验； （4）其他特殊功能的检验。	

27

（续表）

序号	阶段	阶段任务	任务内容/实施步骤	备注
5	机床试运行与综合实验时的验收	5.3 手动功能检验	在手动的条件下，对数控机床的常规动作和各种装置进行检验。以保证数控机床动作平稳、安全，设施运行可靠。	
		5.4 工件加工实验	（1）标准形式的试件加工； （2）客户要求的特定产品加工。	

二、实施准备

请根据表 2-1-3 进行准备相关工具。

表 2-1-3　机床验收所需工具

名称	规格	数量	备注
精密水平仪			
千分表及表座			
大理石方尺			
标准芯棒			
双频激光干涉仪			
万用表			
速度计			
游标卡尺			
平尺			
直角尺			
量块			
扳手			
开箱工具			

三、实施过程

数控机床的验收一般都包含以下几个阶段：机床验收前的准备工作、机床安装前的验收、机床安装后的验收、机床调试过程中的验收、机床试运行与综合实验时的验收。

四、实施项目任务书及报告

（1）项目任务书

项目任务书

姓名		任务名称	
指导老师		小组成员	
课时		实施地点	
时间		备注	
任务内容			
1. 机床验收前的准备工作； 2. 机床安装前的验收； 3. 机床安装后的验收； 4. 机床调试过程中的验收； 5. 机床试运行与综合实验时的验收。			
考核项目	1. 机床验收前的准备工作		
	2. 机床安装前的验收		
	3. 机床安装后的验收		
	4. 机床调试过程中的验收		
	5. 机床试运行与综合实验时的验收		

（2）项目任务报告

项目任务报告

姓名		任务名称	
班级		小组成员	
完成日期		分工内容	
报告内容			
1. 机床验收前的准备工作			
2. 机床安装前的验收			
3. 机床安装后的验收			
4. 机床调试过程中的验收			
5. 机床试运行与综合实验时的验收			

项目 2-2　数控机床的安装与调试

　　数控机床的安装与调试是数控机床投入生产前极为重要的一项工作，是保证机床能够正常运行的前提，直接影响着机床的使用效能和使用寿命，也是作为维修人员必备的技能之一，应熟悉掌握好本项目的知识技能，为日后工作做好准备。

 知识准备

一、安装调试前的准备

按照工艺流程（工艺布局图），选择好机床安装位置，然后按照机床厂家提供的机床基础图和外形图进行车间现场实际放线工作。检查机床与周边设备、走道、设施（消防栓、低压控制柜、暖气装置、各种管道、立柱加强筋）等有无干涉。

（一）安装环境的准备工作

安装环境的准备工作如表 2-2-1 所示。

表 2-2-1 安装环境的准备工作一览表

地基	地脚安装	① 厂家提供的地基图进行地基施工 ② 埋设地脚螺栓，准备调整垫铁和工具	适用于大中型数控机床
	支承件安装	准备可调防震垫铁和相应工具	适用于小型数控机床
配电		① 我国工业供电制式为：380V 三相交流电，频率 50Hz ② 电压波动：电源电压额定值的 -15%～+10% ③ 电线路上必须安装熔断器等保护装置	
管路	液压管路	机床如需外接液压源，应按安装说明提前准备好	
	气动管路	机床如需外接气源，应按安装说明提前准备好	
环境		保证足够的机床空间，包括运输、存放空间和通道；远离各种电磁干扰源，避免强光照射；避免粉尘环境；温度与湿度符合要求	
原始资料		连接说明书与连接图，地基图，设备安装标准或规范等	

（二）基本工具的准备

1. 电气测量仪器、仪表

电气测量仪器、仪表需要准备包括万用表、逻辑测试笔和脉冲信号笔、示波器、PLC 编程器、IC 测试仪、IC 在线测试仪、短路追踪仪，以及逻辑分析仪等基本工具。

2. 机械测量仪器

对于机械测量仪器的准备，需要准备精密水平仪、速度计、测量心轴、平尺、90°角尺和量块、游标卡尺、百分表、千分表，以及标准刻线尺、激光干涉仪等。

3. 常规工具

常规工具还应备齐钳类工具、旋具和扳手，以及其他如剪刀、镊子等需要用到的工具。

二、数控机床安装前的开箱检查

机床设备运到现场后,将设备的包装箱打开,以备检查和安装,这道工序称为设备开箱。设备在安装前的开箱检查是一道重要的工序。

机床开箱检查需要注意的几点内容:

1. 开箱前,应查明设备名称、型号、规格,核对箱号和箱数以及包装情况。

2. 开箱时,应将箱板上的灰尘扫干净,防止灰尘落入设备中。拆除外包装时应选择合适的工具,切记不可用力过猛损伤设备,在拆除外包装时还应注意周围设备和人员的安全。拆除外包装后首先应检查内包装是否完好无损。

3. 机床设备上的防护物和内包装应该根据施工的工序适时地拆装。开箱后,安装单位应同有关部门人员对设备进行清点检查,包括所有附件和技术文件是否完整,机床部件、配件、工具、电缆数量、型号和基本参数是否有误等。

三、数控机床安装

对于各种数控机床,其总体安装原则是:选择良好的工作环境(避开阳光直射、电弧光与热源辐射、强电及强磁干扰,工作场地要清洁、防震、空气干燥、温差较小等),确定机床各部分的安装位置,校正机床水平位置,牢固机床,使得最终符合数控机床安装技术的各项规定。

机床安装步骤如下:

(1)床体就位。机床在开箱检查没有问题之后,按照机床所附文件和说明书,分析安装资料,确定安装方案;按机床结构图的规定合理调整安装件位置;然后安放机床床体。

(2)床体调平。在恒温状态下,在机床床体主要的安装基准面、工作面上,利用水平仪进行校正,使水平仪的读数一般小于0.04/1000mm;调平机床床体后均匀锁紧安装螺栓。

(3)部件清理。机床各部件、零件安装之前应先清理准备安装的各部件、零件表面,检查各部件、零件安装结构与安装件,若需要预先组装的部件、零件,应完成组装,并按规定涂润滑油。

(4)部件安装。部件、零件清理完成后即可进行安装。将电器柜、数控柜、刀库(刀架)等部件按说明装在机体上。需要注意的是:安装部件、零件时必须使用机床厂配置的原装定位安装元器件,不允许随意更换其他型号的定位安装元器件。

(5)系统连接。数控系统的连接是针对数控装置和伺服系统而进行的,包括外部电缆连接、系统电源线连接和水、油、气管线连接(见表2-2-2)。

表 2-2-2 系统连接表

连接步骤	连接内容	连接要求与检查
外部电缆连接	连接准备	连接件种类、数量、完好程度、接头清理、零件文件
	接插电缆（接头）	正确接插、插入到位
	紧固	拧紧接插件的紧固螺钉
	接地	辐射接地法。即各部件接地点连接到公共接地点，再将公共接地点直接与大地相连。接地电缆面积＞$5.5mm^2$，接地电阻＜4Ω
系统电源线连接	数控柜电源变压器输入电缆连接，伺服变压器绕组抽头连接	确认供电制式（输入电压、频率、相序）
		交流电源电压波动检查
		直流电源输入端短路检查与输出电压检查，+5V 波动＜±5%，±15V 波动≈±5%，±24V≈±10%
		熔断器检查
管线连接	将外部供水、油、气管线与机床相应部件连接	防止污染和杂物进入
		检查接头密封
		固定管线，安装好防护

四、数控机床通电测试

1. 参数的通电测试

（1）根据检查所附的文件和说明书，仔细阅读系统对应的参数表与参数设置手册，分析数控系统参数的数量、类型与用途，制定设定方案。

（2）通电开机，使用数控系统操作面板上的软键（一般是 F1 键到 F10 键），调出数控系统的参数。

（3）对照参数表与机床手册的相关内容，根据自己使用的实际要求和条件，设置、修改每一个参数。注意不能缺少任一参数。主要设定的参数有以下几个：

1）控制部分的主机板、ROM 电路板、旋转变压器或同步感应器的控制板及附加轴控制板等的参数。这些参数的设定与机床返回参考点的方法、速度反馈检测元器件及分度精度调整等参数有关。

2）速度控制单元电路板的参数。这些参数的设定主要用来选择检测反馈元器件的种类以及机床是否会产生各种报警（信号及类型）等。

3）主轴控制单元电路板的参数。这些参数的设定主要用在交流或直流主轴的伺服单元，用来选择主轴电动机的电源极限值和主轴转速等参数。

4）设定方法有以下两种。

短接棒设定：数控系统的一部分电路板上，有很多待连接的短路点，需要使用短路接棒以短路方式来设定某些参数，从而满足不同型号数控机床设备的不同要求。

数字设定：对于数字式进给和主轴控制单元，将按照机床所附说明书或维修手册中所给的参数表，直接以数字设定或确定其设定的数字（参数）。因此参数表是一份极其重要的技术资料，当机床需要维修，特别是当数控系统中的某些参数因故丢失或发生错乱时，需要恢复机床的各种性能，这时参数表就是必不可少的原始依据。

2. 空载功能试验

空载功能试验又包括基本运行试验、手动运行功能试验和自动运行功能试验，几种功能试验的内容又有所不同。基本运行试验见表 2-2-3，手动运行功能试验见表 2-2-4，自动运行功能试验见表 2-2-5。

表 2-2-3　基本运行试验

部位	项目	方法	要求
主轴部件（无级变速）	转速的偏差	从低到高不少于 12 级转速，每级转数运转时间不少于 2min	每级转速实际偏差不应超过设定值的 -2%～6%
	温度、温升	以最高转速连续运转 2h	轴承温度≤600℃，温升≤300℃
	空转功率	最高转速时用功率计测量	根据设计规定
坐标轴运动	进给速度的偏差	以高、中、低和快速进行实验	各级直线轴进给速度实际偏差不应超过设定值的 -5%～3%；回转坐标轴 ±5%；无爬行振动现象

表 2-2-4　手动运行功能试验

部位	项目	方法	要求
主轴部件	正转、反转、停转、准停（铣床和加工中心还有锁刀、松刀、吹气等）	进行 10 次	功能可靠
进给系统	变速定位试验	低、中、高和快速 10 种变速及定位试验	功能可靠
分度台	分度定位试验	进行 10 次分度定位	功能可靠
交换工作台	交换试验	连续交换 3 次	功能可靠
刀库、刀架、机械手	换刀试验	以尺寸最大、最重的刀具进行换刀，并测定换刀时间	动作准确可靠，换刀时间不超过规定值
键盘、机床控制面板	各按键控制试验	对以上试验中未用到的键、钮进行试验	功能正确
外设	连接外设试验	连接外设进行操作	动作正常
冷却、润滑装置	启、停试验	观察工作状态、流量和压力	管路无渗漏，压力、流量正常
排屑装置	启、停排屑	观察排屑器运行状态	工作正常，无阻滞及刮擦冲撞等噪声

表 2-2-5　自动运行功能试验

部位	项目	方法（编制程序）	要求
机床各组成部件	主轴试验	主轴中速正、反转、停转、准停 12 次，主轴变速	程序运转正常。若有中断，排除故障后重新开始
	进给试验	各坐标轴低、中、高速变速，各坐标轴中速连续正、反启动，停止和增量进给	
	换刀试验	换刀，刀架装满刀具，其中有最大质量的刀具，任选方式换刀不少于 2 次	
	交换工作台试验	交换工作台交换 5 次	
	坐标轴运动，定位，直线、圆弧插补试验	各轴定位，直线、圆弧插补	
	36h 考机（无运转。有的 72h，按标准或双方约定）	编制考机循环程序，程序间暂停时间不超过 0.5min，程序内容包括自动运行功能试验的要求和以下要求： 运行应接近最大行程 不允许使用倍率开关 进给高速和快速运行时间不少于循环程序所用时间的 10%	

五、数控机床安装完毕试运行

数控机床安装完毕试运行如表 2-2-6 所示。

表 2-2-6　数控机床安装完毕试运行

部位	项目	方法（编制程序）	要求
各进给轴	承载能力试验	将一个重量与设计规定的承载零件最大重量相等的重物置于工作台面上，使载荷均布，以最低、最高进给速度和快速运动。低速时在接近行程两端和中间往复运动，每处移动距离不少于 20mm。高速进给和快速运动，应在全行程运行 1 次和 5 次	运行应平稳，低速无爬行
主传动系统	最大转矩试验	用刀具切削铸铁，在主轴恒转矩范围内选一转速，调整切削用量，达到设计规定的最大转矩	机床工作平稳
	最大功率试验	用刀具切削刚或铸铁，在主轴恒定功率调速范围内选一适当转速，调整切削用量，使机床达到主电动机额定功率	工作正常，无颤振现象。记录金属切削率
进给传动	最大切削抗力试验	试验时使用普通刀具或麻花钻头，材料为铸铁。在小于或等于机床计算转速范围内选一适当转速，调整切削用量，达到最大切削抗力	各部件工作正常。过载保护装置灵敏可靠

 任务实施

一、任务描述

现有一台数控机床到达使用现场,请完成对该机床的安装、调试。

二、实施准备

请根据表 2-2-7 进行准备相关工具。

表 2-2-7 机床验收所需工具

名称	规格	数量	备注
精密水平仪			
千分表及表座			
大理石方尺			
标准芯棒			
双频激光干涉仪			
万用表			
速度计			
游标卡尺			
平尺			
直角尺			
量块			
扳手			
开箱工具			

三、实施过程

数控机床的安装调试步骤参见表 2-2-8。

表 2-2-8 数控机床验收流程表

序号	阶段	阶段任务	任务内容/实施步骤	备注
1	安装调试前的准备	1.1 安装环境的准备	（1）地基 （2）配电 （3）管路 （4）环境 （5）原始资料	这些技术文件应该能够完整描述该数控机床的验收标准、检验手段及机床结构说明，以便验收人员能够根据这些技术文件进行安装、调试和验收
		1.2 基本工具准备	（1）精密水平仪 （2）千分表及表座 （3）大理石方尺 （4）标准芯棒 （5）双频激光干涉仪 （6）万用表 （7）逻辑测试笔 （8）脉冲信号笔 （9）示波器 （10）PLC 编程器 （11）IC 测试仪/IC 在线测试仪 （12）短路追踪仪 （13）逻辑分析仪	这里列举的工具主要是用于数控机床精度的调试验收以及试加工工件的检测验收
2	安装前的检验	开箱检查	（1）检查包装箱外是否完好，有无碰、摔伤；打开外包装后，检查内包装外观是否完好；拆除包装后，检查机床外观是否损伤；对机床铭牌进行核对，检查型号是否相符 （2）根据清单与合同书规定，查找所有附件、技术文件，以及随机赠送的附件和零配件，检查有无损坏及型号类型是否相符，检查合格后需移交给专人保管，以免遗失 （3）清点机床资料。数控机床随机的资料比较多，一般都包含有《机械说明书》《操作说明书》《电气手册》《系统编程手册》《系统维护手册》，还包括一些附件的说明书、系统的保修证书等。有些资料需要用于现场验收使用，待验收完毕后需归类交由专人管理	
3	机床安装	3.1 床体就位	按照机床所附文件和说明书，分析安装资料，确定安装方案；按机床结构图的规定合理调整安装件位置；然后安放机床床体	
		3.2 床体调平	在恒温状态下，在机床床体主要的安装基准面、工作面上，利用水平仪进行校正，使水平仪的读数一般 <0.04/1000mm；调平机床床体后均匀锁紧安装螺栓	

(续表)

序号	阶段	阶段任务	任务内容/实施步骤	备注
3	机床安装	3.3 部件清理	机床各部件、零件安装之前应先清理准备安装的各部件、零件表面，检查各部件、零件安装结构与安装件，若需要预先组装的部件、零件，应完成组装，并按规定涂润滑油	
		3.4 部件安装	部件、零件清理完成后即可进行安装。将电器柜、数控柜、刀库（刀架）等部件按说明装在机体上。需要注意的是：安装部件、零件时必须使用机床厂配置的原装定位安装元器件，不允许随意更换其他型号的定位安装元器件	
		3.5 系统连接	数控系统的连接是针对数控装置和伺服系统而进行的，包括外部电缆连接、系统电源线连接和水、油、气管线连接	
4	通电测试	4.1 参数测试	（1）根据检查所附的文件和说明书，仔细阅读系统对应的参数表与参数设置手册，分析数控系统参数的数量、类型与用途，制定设定方案 （2）通电开机，使用数控系统操作面板上的软键（一般是F1到F10键），调出数控系统的参数 （3）对照参数表与机床手册的相关内容，根据自己使用的实际要求和条件，设置、修改每一个参数注意不能缺少任一参数	
		4.2 空载功能试验	空载功能试验又包括基本运行试验、手动运行功能试验和自动运行功能试验，几种功能试验的内容又有所不同	
5	试运行	5.1 承载能力试验	将一个重量与设计规定的承载零件最大重量相等的重物置于工作台面上，使载荷均布，以最低、最高进给速度和快速运动。低速时在接近行程两端和中间往复运动，每处移动距离不少于20mm。高速进给和快速运动，应在全行程运行1次和5次	
		5.2 最大转矩试验	用刀具切削铸铁，在主轴恒转矩范围内选一转速，调整切削用量，达到设计规定的最大转矩	
		5.3 最大功率试验	用刀具切削钢或铸铁，在主轴恒定功率调速范围内选一适当转速，调整切削用量，使机床达到主电动机额定功率	
		5.4 最大切削抗力试验	试验时使用普通刀具或麻花钻头，材料为铸铁。在小于或等于机床计算转速范围内选一适当转速，调整切削用量，达到最大切削抗力	

四、实施项目任务书及报告书

1. 项目任务书

项目任务书

姓名		任务名称	
指导老师		小组成员	
课时		实施地点	
时间		备注	

任务内容
1. 安装调试前的准备工作都有哪些？ 2. 安装前的检验工作都有哪些？ 3. 机床安装主要工作有哪些？ 4. 通电测试工作都有哪些？ 5. 试运行时都进行哪些试验？

考核项目	
	1. 安装调试前的准备
	2. 安装前的检验
	3. 机床安装
	4. 通电测试
	5. 试运行

2. 项目任务报告

项目任务报告

姓名		任务名称	
班级		小组成员	
完成日期		分工内容	
报告内容			
1. 安装调试前的准备			
2. 安装前的检验			
3. 机床安装			
4. 通电测试			
5. 试运行			

教学评价

教学评价包括学生自评、学生互评和教师评价。

1. 学生自评

学生自评表　　　　　　　　　　　年　月　日

姓名		模块名称	
项目名称		实际得分	标准分
计划与决策（20分）			
是否考虑了安全和劳动保护措施			5
是否考虑了环保及文明使用设备			5
是否能在总体上把握学习进度			5
是否存在问题和具有解决问题的方案			5
实施过程（60分）			
			15
			15
			15
			15
检查与评估（20分）			
是否能如实填写项目任务报告			5
是否能认真描述困难、错误和修改内容			5
是否能如实对自己的工作情况进行评价			5
是否能及时总结存在的问题			5
合计总得分			100
困难所在：			
对自评人的评价：　□满意　　□较满意　　□一般　　□不满意			
改进内容：			
学生签名		教师签名	

2. 学生互评

学生互评表　　　　　　　　年　月　日

学生姓名		模块名称	
项目名称		实际得分	标准分
计划与决策（20分）			
是否考虑了安全和劳动保护措施			5
是否考虑了环保及文明使用设备			5
是否能在总体上把握学习进度			5
是否存在问题和具有解决问题的方案			5
实施过程（60分）			
			15
			15
			15
			15
检查与评估（20分）			
是否能如实填写项目任务报告			5
是否能认真描述困难、错误和修改内容			5
是否能如实对自己的工作情况进行评价			5
是否能及时总结存在的问题			5
合计总得分			100
完成不好的内容： 完成好的内容：			
对自评人的评价：　□满意　□较满意　□一般　□不满意			
改进内容：			
学生签名		测评人签名	

3. 教师评价

教师评价表　　　　　　　　　年　月　日

学生姓名		模块名称	
项目名称		实际得分	标准分
计划与决策（20分）			
是否考虑了安全和劳动保护措施			5
是否考虑了环保及文明使用设备			5
是否能在总体上把握学习进度			5
是否存在问题和具有解决问题的方案			5
实施过程（60分）			
			15
			15
			15
			15
检查与评估（20分）			
是否能如实填写项目任务报告			5
是否能认真描述困难、错误和修改内容			5
是否能如实对自己的工作情况进行评价			5
是否能及时总结存在的问题			5
合计总得分			100
完成不好的内容： 完成好的内容：			
完成情况评价：　□很好　□较好　□好　□一般			
教师评语：			
学生签名		教师签名	

 学后感言

_____
_____
_____
_____
_____
_____
_____。

 任务习题

1. 数控机床验收前需要做哪些准备工作？
2. 数控机床验收的工作内容有哪些？
3. 定位精度检查包括哪些内容？
4. 工作精度检查包括哪些内容？如何进行？
5. 机床安装前的开箱检查工作应注意哪些问题？
6. 数控机床安装调试的工作包括哪些内容？
7. 数控机床安装调试时运行的目的是什么？
8. 数控机床系统连接时应注意哪些问题？

模块三　数控机床机械调整及维护

本模块将重点介绍数控车床加润滑油、检查各传动件和数控车床电缆护套的辨别与诊断两部分内容。旨在让同学们认知润滑油原理类型、了解掌握传动件的特性和设计。

 学习目标

【知识目标】

1. 认知润滑油原理类型。
2. 了解传动件的特性。
3. 了解数控车床电缆套。

【技能目标】

1. 会分析润滑油原理。
2. 掌握传动件机构设计初步能力。

 工作任务

项目 3-1 数控车床加润滑油、检查各传动件。
项目 3-2 数控车床电缆护套的辨别与诊断。

项目 3-1　数控车床加润滑油、检查各传动件

数控车床机械系统故障的维修调整是机床使用过程中对其机械部分故障的排除解决，使机床回归到正常状态，延长机床寿命，是保证数控机床能够发挥更大效能的重要工作。

 知识准备

一、认识数控机床主传动系统

数控机床主传动系统，也称主运动传动系统，是指由主轴电机经一系列传动元器件和主轴构成的具有运动、传动联系的系统（驱动主轴运动的系统）。主传动系统主要由主轴电动机、传动装置、主轴部件（主轴、主轴轴承、主轴定向装置）等构成。

主传动系统的功能是实现机床的主运动。主运动是机床实现切削的基本运动，在切削过程中，它为切除工件上多余的金属提供所需的切削速度和动力，是切削过程中速度最高、消耗功率最多的运动。

1. 主轴部件

机床主轴部件是指机床上带动工件或刀具旋转的装置，通常由主轴、轴承和传动件（齿轮或带轮）等组成。对于数控机床尤其是自动换刀数控机床，为了实现刀具在主轴上的自动装卸与夹持，还有刀具的自动夹紧装置、主轴准停装置和主轴孔的清理装置等结构。

主轴部件在机床中主要用来支撑传动零件、传递运动及扭矩，如机床主轴；有的用来装夹工件，如心轴。除了刨床、拉床等主运动为直线运动的机床外，大多数机床都有主轴部件。数控车床主轴部件实物如图 3-1-1 所示，结构示意图如 3-1-2 所示。

图 3-1-1　数控车床主轴部件实物图

主轴部件的运动精度和结构刚度是决定加工质量和切削效率的重要因素。衡量主轴部件性能的指标主要是旋转精度、刚度和速度适应性。

■　旋转精度

主轴旋转时在影响加工精度的方向上出现的径向和轴向跳动，主要决定于主轴和轴承的制造和装配质量。

■　动、静刚度

主要决定于主轴的弯曲刚度、轴承的刚度和阻尼。

■　速度适应性

允许的最高转速和转速范围，主要决定于轴承的结构和润滑，以及散热条件。

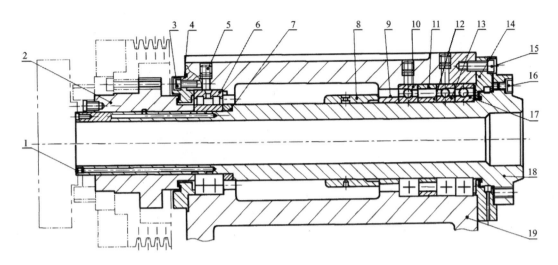

1、5-螺钉；2-带轮连接盘；3、15、16-螺钉；4-端盖；6-圆柱滚珠轴承；7、9、11、12-挡圈；
8-热调整套；10、13、17-角接触球轴承；14-卡盘过渡盘；18-主轴；19-主轴箱箱体

图 3-1-2 数控车床主轴结构示意图

（1）主轴

数控车床的主轴是一个空心阶梯轴，如图 3-1-3 所示。主轴的内孔用于通过长的棒料及卸下顶尖时穿过钢棒，也可用于通过气动、电动及液压夹紧装置的机构。主轴前端的锥孔用于安装顶尖套及前顶尖。有时也可安装心轴，利用锥面配合的摩擦力直接带动心轴和工件转动。

图 3-1-3 数控机床主轴

（2）主轴支承

主轴支承是指主轴轴承、支承座及其他相关零件的组合体，其中核心元器件是轴承。主轴支承是保证机床主轴带着刀具或夹具作回转运动的重要部件，应能传递切削转矩和承受切削抗力，并保证必要的旋转精度。机床主轴多采用滚动轴承作为支承，对于精度要求高的主轴则采用动压或静压滑动轴承作为支承。

滚动轴承一般由内圈、外圈、滚动体和保持架组成，如图 3-1-4 所示。

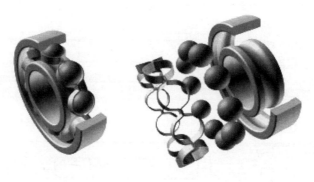

图 3-1-4　滚动轴承

滚动轴承的滚动体常见的形状有球、圆柱滚子、圆锥滚子、非对称球面滚子、球面滚子和滚针等，如图 3-1-5 所示。

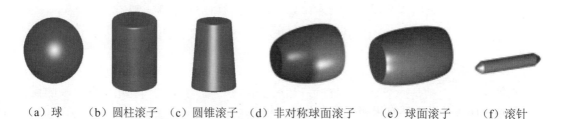

（a）球　　（b）圆柱滚子　　（c）圆锥滚子　　（d）非对称球面滚子　　（e）球面滚子　　（f）滚针

图 3-1-5　滚动体

滚动轴承根据滚动体形状的不同，可大致分为圆柱滚子轴承、圆锥滚子轴承、球面滚子轴承、滚针轴承等，如图 3-1-6 所示。

（a）圆柱滚子轴承　　（b）圆锥滚子轴承　　（c）球面滚子轴承　　（d）滚针轴承

图 3-1-6　根据滚动体分类的滚动轴承名称

滚动轴承根据轴承结构的不同，又可分为深沟球轴承、圆柱滚子轴承、推力球轴承、角接触球轴承、圆锥滚子轴承和调心球轴承等，如图 3-1-7 所示。

(a)深沟球轴承　　　　(b)圆柱滚子轴承　　　　(c)推力球轴承

(d)角接触球轴承　　　　(e)圆锥滚子轴承　　　　(f)调心球轴承

图 3-1-7　根据滚动体分类的滚动轴承名称

2. 主轴变速方式

数控机床主传动主要有无级变速、分段无级变速两种变速传动方式。

（1）无级变速

无级变速指可以连续获得变速范围内任何传动比的变速系统，如图 3-1-8 所示。数控机床一般采用直流或交流主轴伺服电动机实现主轴无级变速。其中，交流主轴电动机及交流变频驱动装置，寿命长，性能稳定，应用较为广泛。

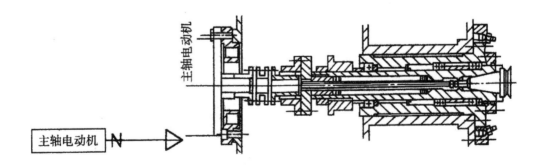

图 3-1-8　无级变速

（2）分段无级变速

在大、中型数控机床上，为了使主轴在低速时获得大转矩和扩大恒功率调速范围，通常在使用无级变速传动的基础上，再增加两级或三级辅助机械变速机构作为补充。通过分段变速方式，确保低速时的大扭矩，扩大恒功率调速范围，满足机床重切削时对扭矩的要求，即分段无级变速。

在分段无级变速中,又可分为齿轮传动、带传动、两个电机分别驱动、电动机通过联轴器连接传动、内装电动机主轴(电主轴)传动等传动类型,如图3-1-9所示。

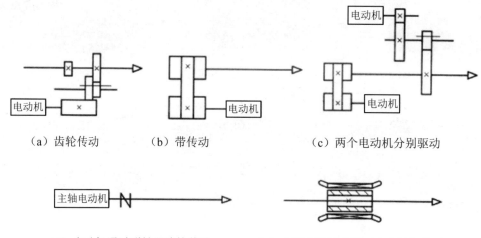

图 3-1-9 数控机床主轴的传动类型

二、认识数控机床进给传动系统

数控机床的进给传动系统是以数控机床的进给轴,即机床的移动部件(刀架或工作台)的位置和速度为控制量的,是以保证刀具和工件相对关系为目的,实现运动执行件进给的系统(即进给驱动装置)。数控机床的进给传动系统常用伺服进给系统来实现。伺服进给系统的作用是根据数控系统发出的指令信息,进行放大后控制执行部件的运动,不仅控制进给运动的速度,同时还要精确控制刀具相对工件的移动轨迹和坐标位置。

一个典型的数控机床闭环控制进给系统通常由位置比较、放大元器件、驱动单元、机械传动装置和检测反馈元器件组成。图3-1-10所示为数控机床工作台传动系统的机械结构。

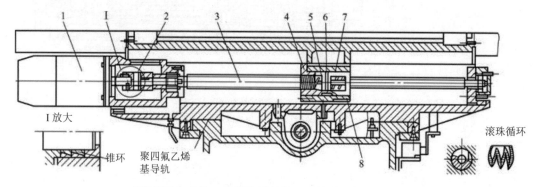

1- 直流伺服电动机 2- 滑块联轴器 3- 滚珠丝杠 4- 左螺母
5- 键 6- 半圆垫片 7- 右螺母 8- 螺母座

图 3-1-10 主轴前支承的密封结构

其中，机械传动装置包括传动机构、运动转换机构和导向机构。
- 传动机构：齿轮传动、同步齿形带传动、联轴器。
- 运动转换机构：丝杆螺母副、齿轮齿条副。
- 导向机构：导轨、直线滚动导轨、静压直线导轨。

1. 联轴器

联轴器是用来联接进给机构的两根轴（主动轴和从动轴），使之一起回转，以传递转矩和运动的一种装置。机器运转时，被联接的两轴不能分离；只有停止运转后，将联轴器拆卸，才能使两轴分离。在高速重载的动力传动中，有些联轴器还有缓冲、减振和提高轴系动态性能的作用。联轴器由两部分组成，分别与主动轴和从动轴连接。目前联轴器的类型繁多，有液压式、电磁式和机械式；而机械式联轴器是应用最广泛的一种，它借助于机械构件相互间的机械作用力来传递转矩，如图 3-1-11 所示。

图 3-1-11　联轴器

2. 滚珠丝杆螺母副

滚珠丝杠螺母副是数控机床上将回转运动转换为直线运动常用的传动装置，图 3-1-12 所示。在丝杠和螺母上都有半圆弧形的螺旋槽，当它们套装在一起时便形成了滚珠的螺旋滚道。在螺母上有滚珠回路管道将几圈螺旋滚道的两端连接起来，构成封闭的循环滚道，在滚道内装满滚珠，当丝杠旋转时滚珠在滚道内自转的同时沿滚道循环转动，迫使螺母轴向移动。

图 3-1-12　滚珠丝杆螺母副

3. 导轨

导轨是支撑和引导机床运动部件沿着一定轨迹运动的导向机构。导轨是数控机床重要的部件，它的安装精度直接影响零件的加工精度，更影响数控机床的寿命。

导轨按其运动形式可分为直线导轨和圆导轨；按其摩擦形式可分为滑动导轨和滚动导轨。直线导轨由滑轨和滑块组成，如图 3-1-12 所示。滑块内有内循环的滚珠或滚柱。直线导轨是滚动摩擦，速度快、阻力小，润滑方便，在机床行业中应用较为广泛。

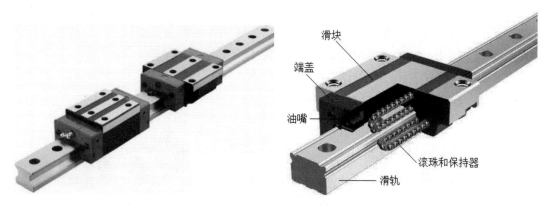

图 3-1-13　直线导轨

三、认识数控机床润滑系统

数控机床润滑系统是机床结构重要的组成部分，它对于提高机床加工精度、延长机床使用寿命等都有着十分重要的作用。现代机床导轨、丝杆等滑动副的润滑，基本上都是采用集中润滑系统。集中润滑系统是由一个液压泵提供一定排量、一定压力的润滑油，为系统中所有的主、次油路上的分流器供油，而由分流器将油按所需油量分配到各润滑点。同时，由控制器完成润滑时间、次数的监控和故障报警以及停机等功能，以实现自动润滑的目的。集中润滑系统的特点是定时、定量、准确、效率高，使用方便可靠，有利于提高机器寿命，保障使用性能。

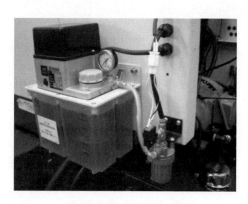

图 3-1-14　润滑系统

图 3-1-15　X 轴油排

润滑油除了起润滑作用外，还有以下几个重要作用。

（1）冷却作用：润滑油不仅可以降低摩擦阻力而减少了热量的产生，而且润滑油还可以带走热量，起到冷却接触部位的作用。

（2）冲洗作用：润滑油在两个摩擦面之间滑动，可将金属碎屑、灰尘等杂质从摩擦面间冲洗出来。

（3）密封作用：靠机械加工难达到精密密封的要求。如在往复泵的汽缸套和活塞环之间，只有充填润滑油，形成油封，才能精密密封。

（4）防锈作用：油膜可以防止空气和金属表面接触，使金属表面不容易生锈。

（5）润滑油还有减振、传递动力等作用。

1. 滚动轴承的润滑

为了保证主轴有良好的润滑，减少摩擦发热，同时又能把主轴组件的热量带走，通常采用循环式润滑系统。一般采用液压泵强力供润滑油，或在油箱中使用油温控制器控制油液温度。近年来有些数控机床主轴承润滑采用高级油脂封放方式，每加一次油脂可以使用 7～10 年，从而简化了结构，降低成本，而且维护简单。但为了防止润滑油和油脂混合，通常用迷宫式密封方式。

为满足主轴转速更高速化发展的需要，新的润滑冷却方式相继得到应用，如油气润滑和喷注润滑，这些新型润滑冷却方式不仅能减少轴承温升，还能减少轴承内外圈的温差，以保证主轴热变形极小。

（1）当轴承内径小于 25mm，转速为 30000r/min 以下时，可用封入高速脂。

（2）当转速超过 30000r/min 时，则应用强制润滑或喷雾润滑。

需要注意的是滚动轴承除大型、粗糙的特殊情况，一般不能使用含固体润滑剂的脂。

2. 齿轮的润滑

机床的齿轮的冲击和振动不大，负荷较小，因而一般不需要使用含极压添加剂的润滑油。需要注意的是如何防止主轴箱的热变形，冲击负荷较大的冲压或剪切机床的齿轮，应使用含抗磨剂的齿轮油。用于循环润滑或油浴润滑的齿轮油，除了要考虑抗氧化性，还要顾及抗腐蚀、抗磨、防锈蚀及抗泡性。根据齿轮的种类选择合适的齿轮油和合适的黏度外。

3. 导轨的润滑

导轨的负荷及速度变化很大，一般导轨面的负荷为 3～8N/cm²，但由于导轨频繁的进行反复运动，因此容易产生边界润滑，甚至半干润滑而导致爬行现象，除了机床设计，材料润滑不良是导致爬行的主要原因。为克服爬行现象，在改善润滑方面，主要用含防爬剂的润滑油，导轨润滑一般选用黏度 32、68、100、150 的导轨油，如图 3-1-6 所示。

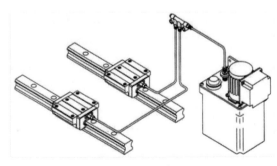

图 3-1-16 导轨润滑系统

四、数控机床主传动系统机械结构的故障维修

（一）主传动系统的维护保养

（1）熟悉掌握数控机床主传动系统的结构、性能，禁止超性能使用。

（2）在操作过程中，若出现主传动系统不正常现象，应立即停机检查、排除故障。

（3）操作时，应检查主轴润滑恒温邮箱，调节温度范围。

（4）若主传动系统为带传动的，需定期检查调整主轴传动带的松紧度，防止打滑造成对转现象。

（5）对于液压平衡系统，应定期检查其压力表，当油压低于规定值，应及时补油。

（6）使用液压拨叉变速的主传动系统，必须在主轴停车后变速。

（7）使用啮合式电磁离合器变速的主传动系统，离合器必须在低于 1～2r/min 的转速下变速。

（8）每年更换一次主轴润滑恒温箱中的润滑油，并清洁过滤器。

（9）每年清理润滑油池底一次，并更换液压泵滤油器。

（10）保持油液清洁，防止杂质进入润滑邮箱。

（11）经常检查轴端及各处密封，防止润滑油液泄露。

（12）经常检查压缩空气气压，并调整到标准要求值。

（13）当刀具夹紧装置长时间使用，会使活塞杆和拉杆间的间隙加大，造成拉杆位移量减小，使蝶形弹簧张闭伸缩量不够，影响刀具的夹紧，要及时调整液压缸活塞的位移量。

（二）主传动系统机械结构常见故障及排除方法

数控机床主传动系统常见故障及排除方法见表 3-1-1。

表 3-1-1 主传动系统机械结构常见故障及排除方法

序号	故障现象	故障原因	排除方法
1	切削振动大	（1）主轴箱和床身连接螺钉松动 （2）轴承预紧力不够、游隙过大 （3）轴承预紧螺母松动，主轴窜动 （4）轴承拉毛或损坏 （5）主轴与箱体超差 （6）车床中可能是转塔刀架运动部位松动或压力不够而未卡紧	（1）恢复精度后紧固连接螺钉 （2）重新调整轴承游隙 （3）紧固螺母，确保主轴精度合格 （4）更换轴承 （5）修理主轴或箱体，提高配合精度 （6）紧固和调整压力
2	主轴箱噪声大	（1）主轴部件动平衡不好 （2）齿轮啮合间隙不均或严重损伤 （3）轴承损坏或动轴弯曲 （4）传动带长度不一或过松 （5）齿轮精度差 （6）润滑不良	（1）重做动平衡 （2）调整间隙或更换齿轮 （3）修复或更换齿轮，校直传动轴 （4）调整或更换传动带，新旧不混用 （5）更换齿轮 （6）调整润滑油量，保持主轴箱清洁

(续表)

序号	故障现象	故障原因	排除方法
3	齿轮和轴承损坏	(1) 变挡压力过大，齿轮冲击受损 (2) 变挡机构损坏或固定销脱落 (3) 轴承预紧力过大或无润滑	(1) 按液压原理图，调整到合适压力和流量 (2) 修复或更换零件 (3) 重新调整预紧力，使之润滑充足
4	主轴无变速	(1) 电气变档信号是否输出 (2) 压力是否足够 (3) 变档液压缸研损或卡死 (4) 变档电磁阀卡死 (5) 变档液压缸拨叉脱落 (6) 变档液压缸窜油或内泄 (7) 变档复合开关失灵	(1) 电气人员检查处理 (2) 检测并调整工作压力 (3) 修去毛刺和研伤，清洗后重装 (4) 检修并清洗电磁阀 (5) 修复或更换 (6) 更换密封圈 (7) 更换新开关
5	主轴不转动	(1) 保护开关没有压合或失灵 (2) 卡盘未夹紧工件 (3) 变档复合开关损坏 (4) 变档电磁阀体内泄露	(1) 检修压合保护开关或更换 (2) 调整或修理卡盘 (3) 更换复合开关 (4) 更换电磁阀
6	主轴发热	(1) 主轴轴承预紧力过大 (2) 轴承研伤或有杂质 (3) 润滑油不干净或有杂质	(1) 调整预紧力 (2) 更换轴承 (3) 清洗主轴箱，更换新油
7	液压变速时齿轮推不到位	主轴箱内拨叉磨损	(1) 选用球墨铸铁作拨叉材料 (2) 在每个垂直滑移齿轮下方安装塔簧作为辅助平衡装置，减轻对拨叉的压力 (3) 活塞的行程与滑移齿轮的定位想协调 (4) 若拨叉磨损，予以更换
8	主轴在强力切削时停转	(1) 电动机与主轴连接的皮带过松 (2) 皮带表面有油污 (3) 皮带使用过久失效 (4) 摩擦离合器调整过松或磨损	(1) 调整张紧皮带 (2) 用汽油清洗后擦干重新装上 (3) 更换新皮带 (4) 调整离合器，修磨或更换摩擦片
9	主轴没有润滑油循环或润滑不足	(1) 液压泵转向不正确，或间隙过大 (2) 吸油管没有插入油箱的油面以下 (3) 油管或滤油器堵塞 (4) 润滑油压力不足	(1) 改变液压泵转向或修理液压泵 (2) 将吸油管插入油面以下2/3处 (3) 清除堵塞物 (4) 调整供油压力
10	润滑油泄露	(1) 润滑油量多 (2) 检查各处密封件是否有损坏 (3) 管件损坏	(1) 调整供油量 (2) 更换密封件 (3) 更新管件
11	刀具不能夹角	(1) 蝶形弹簧位移量小 (2) 夹紧弹簧上的螺母松动	(1) 调整蝶形弹簧行程长度 (2) 顺时针旋转夹紧弹簧上的螺母使其最大工作载荷为13kN
12	刀具夹紧后不能松开	(1) 夹紧弹簧压合过紧 (2) 液压缸压力和行程不够	(1) 顺时针旋转夹紧弹簧上的螺母使其最大工作载荷不得超过13kN

五、数控机床进给传动部件故障的维修

进给传动系统的故障大部分表现为运动质量的下降,如机械执行部件不能到达规定的位置、运动中断、定位精度下降、反向间隙过大、工作台出现爬行、轴承磨损严重且噪声过大、机械摩擦过大等。对这些故障的诊断和排除,经常是通过调整各运动副的预紧力、调整松动环节、调整补偿环节等形式进行,以达到提高运动精度的目的。

(一)滚珠丝杠副故障的维修

1. 滚珠丝杠副及有关的维修维护任务

(1)轴向间隙的调整。滚珠丝杠副的轴向间隙直接影响其反传动精度和轴向刚度。滚珠丝杠副轴向间隙的消除常用双螺母调整法。它的调整原理是:利用两个螺母的相对轴向位移,使两个滚珠螺母中的滚珠分别贴紧螺旋滚道的两个相反的侧面上。用上述方法消除轴向间隙时,应注意预紧力不宜过大,预紧力过大会使空载力矩增加,从而降低传动效率,缩短使用寿命。轴向间隙的调整原则是数控机床在额定满载情况下,刚好实现无间隙进给为最佳状态。

双螺母丝杠的间隙的调整方法有垫片调隙法、螺纹调隙法、齿差调隙法。

1)垫片调隙法是通过调整垫片 2 的厚度,使螺母 1 的右侧与钢球 4 接触,螺母 6 的左侧与钢球 4 接触,消除滚珠丝杠副的轴向间隙,如图 3-1-17 所示。

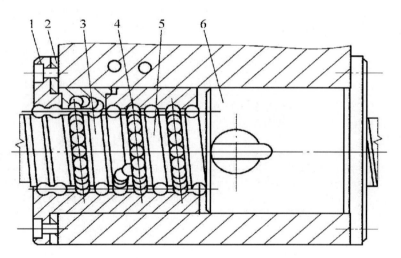

图 3-1-17 垫片调隙法滚珠丝杠副

2)螺纹调隙法是通过旋转圆螺母 1,使螺母 5 轴向移动,钢球分别与螺母 7 的右侧和螺母 5 的左侧接触,消除滚珠丝杠副的轴向间隙,如图 3-1-18 所示。

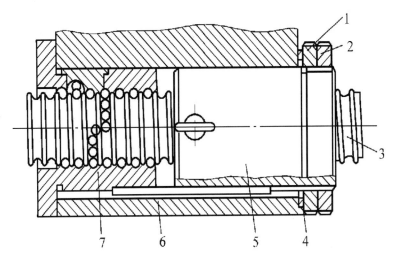

1、2- 圆螺母　3- 丝杠　4- 垫片　5、7- 螺母　6- 螺母

图 3-1-18　螺纹调隙法滚珠丝杠副

3）齿差调隙法是在两个螺母的凸沿上各制有圆柱齿轮，而且齿数差为1，即 $Z_2-Z_1=1$，两个内齿圈齿数相同，并用螺钉和销钉固定在螺母的两端，调整时先将内齿圈数取出，根据间隙的大小，使两个螺母分别在相同方向上转过一个齿或几个齿，这样就使两个螺母彼此在轴向上接近了一个相同的距离（因为两边的齿数差是1，所以实际转过的角度是不同的），如图 3-1-19 所示。此外还有消除丝杠安装部分和驱动部分的间隙。

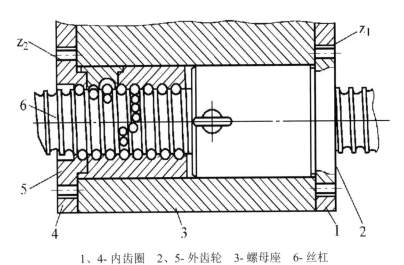

1、4- 内齿圈　2、5- 外齿轮　3- 螺母座　6- 丝杠

图 3-1-19　齿差调隙法滚珠丝杠副

（2）支承轴承的定期检查。应定期检查丝杠支承轴承与床身的连接是否有松动，以及支承轴承是否损坏等。如有以上问题，要及时紧固松动部位或更换支承轴承。

（3）滚珠丝杠副的润滑。为提高传动效率和耐磨性，必须在滚珠丝杠副里加润滑剂，润滑剂可用润滑油和润滑脂。润滑油为清洁机油，经过壳体上的油孔注入螺母的空间内，一般在每次机床工作前加注一次。润滑脂可采用锂基润滑脂，加在螺纹滚道和安装螺母的壳体空间内，一般每半年对滚珠丝杠上的润滑脂更换一次，更换时先清洗丝杠上的旧润滑脂，然后涂上新的润滑脂。

（4）滚珠丝杠副的保护。滚珠丝杠副和其他滚动摩擦的传动件一样，要避免磨料微粒及化学活性物质的进入。如在滚道上落入了脏物或使用肮脏的润滑油，不仅会妨碍滚珠的正常运转，而且会使磨损急剧增加。对于制造误差和预紧变形量以微米计的滚珠丝杠传动副来说，这种磨损就更加敏感。因此，有效的密封防护和保持润滑油的清洁就显得十分必要。

通常采用毛毡圈对螺母进行密封。毛毡圈的厚度为螺距的 2～3 倍，而且内孔做成螺纹的形状，紧密地包住丝杠，并装入螺母或套筒两端的槽孔内。密封圈除了采用柔软的毛毡之外，还可以采用耐油橡胶或尼龙材料。

对于暴露在外面的丝杆，一般采用螺旋钢带、伸缩套筒、锥形套筒，以及折叠式塑料或人造革等形式的防护罩，以防止尘埃和磨粒黏附到丝杠表面。这种防护罩与导轨的预护罩有相似之处，一端连接在滚珠螺母的端面，另一端固定在滚珠丝杠的支撑座上。

2. 滚珠丝杠副常见故障及维修方法

表 3-1-2 滚珠丝杆负常见故障及维修方法

序号	故障现象	故障原因	排除方法
1	滚珠丝杆副噪声异常	（1）丝杆支撑轴承的压盖压合不良 （2）丝杆支撑轴承可能破裂 （3）电动机与丝杆联轴器松动 （4）丝杆润滑不良 （5）滚珠丝杆副滚珠有破损	（1）调整轴承压盖，使压紧轴承端面 （2）如轴承破损，更换新轴承 （3）拧紧联轴器，锁紧螺钉 （4）改善润滑条件，使润滑油量充足 （5）更换新滚珠
2	滚珠丝杆运动不灵活	（1）轴向预加载荷过大 （2）丝杆与导轨不平行 （3）丝杆弯曲变形 （4）螺母轴线与导轨不平行 （5）滚珠丝杆润滑状况不良	（1）调整轴向间隙和预加载荷 （2）调整丝杆支座位置，使丝杆与导轨平行 （3）调整丝杆 （4）调整螺母座位置 （5）检查各丝杆副润滑，用润滑脂润涂丝杆，需移动工作台，取下罩套，图上润滑脂

（二）导轨副的维修

1. 导轨副及有关的维修维护任务

（1）滑动导轨的间隙调整。保证导轨面之间具有合理的间隙非常重要。间隙过小，则摩擦阻力大，会加剧导轨磨损；间隙过大，在运动上则失去准确性和平稳性，在精度上失去导向精度。间隙调整的方法有压板调整、镶条调整、压板镶条调整三种。

（2）滚动导轨的预紧。为了提高滚动导轨的刚度，应对滚动导轨进行预紧。预紧可提高接触刚度和消除间隙。在立式滚动导轨上，预紧可防止滚动体脱落和歪斜。常见的预紧方法有过盈配合法和调整法两种。

（3）导轨的润滑。导轨面上进行润滑可降低摩擦因素，减少磨损，并且可防止导轨面锈蚀。导轨常用的润滑剂有润滑油和润滑脂，滑动导轨用润滑油，而滚动导轨既可用润滑油也可用润滑脂。对运动速度较高的导轨都采用润滑泵，以压力油强制润滑。这样不但连续成间隙供油给导轨进行润滑，而且可利用油的流动冲洗并冷却导轨表面。为实现强制润滑，必须备有专门的供油系统。

（4）导轨的防护。为了防止切削、磨粒或切削液散落在导轨面上而引起磨损、擦伤和锈蚀，导轨面上应有可靠的防护装置。常用的刮板式、卷帘式和叠层式防护罩，大多用于长导轨上。在机床使用过程中，应防止损坏防护罩，对叠层式防护罩应该常用刷子、蘸子蘸机油清理移动接缝，以避免碰壳现象。

2. 导轨的磨损形式

导轨的磨损形式如表 3-1-3 所示。

表 3-1-3　导轨的磨损形式

序号	磨损形式	说明
1	硬粒磨损	导轨面间存在着坚硬的颗粒，由外界或润滑油带入的切屑或磨粒以及微观不平的摩擦面上的高峰，在运动过程中均会在导轨面产生机械的相互切割和锉削作用面，而使导轨面上产生沟痕和划伤，进而使导轨面受到破坏。 磨粒的硬度越高，相对速度越大，压强越大，对导轨摩擦副表面的危害也越大
2	咬合和热焊	导轨面覆盖着氧化膜（约 0.025μm）及气体、蒸汽或液体的吸附膜（约 0.025μm），这些薄膜由于导轨面上局部比压或剪切过高而排除时，裸露的金属表面应摩擦热而使分子运动加快，在分子力的作用下就会产生分子间的相互吸引和渗透而吸附在一起，导致冷焊。 如果导轨面摩擦热使金属表面温度达到熔点而引起局部焊接，将导致热焊。接触面的相对运动又要将焊点拉开，会造成撕裂性破坏
3	疲劳和压溃	导轨面由于过载或接触应力不均匀而使导轨表面产生弹性变形，反复进行多次，就会形成疲劳点；呈塑性变形，则表面形成龟裂和剥落从而导致压溃。这是导致导轨失效的主要原因

3. 导轨常见故障及排除方法

导轨的磨损形式如表 3-1-4 所示。

表 3-1-4　导轨的磨损形式

序号	故障现象	故障原因	排除方法
1	导轨研伤	（1）机床经长时间使用，地基与床身水平度有变化，使导轨局部单位面积负荷过大 （2）长期加工短工件或承受过分集中的负荷，使导轨局部磨损严重 （3）导轨润滑不良 （4）导轨材质不佳 （5）刮研质量不符合要求 （6）机床维护不良，导轨里落入赃物	（1）定期进行床身导轨的水平调整，或修复导轨精度 （2）注意合理分布短工件的安装位置，避免复合过分集中 （3）调整导轨润滑油量，保证润滑油压力 （4）采用电镀加热自冷淬火对导轨进行处理。导轨上增加锌铝铜合金板，以改善摩擦情况 （5）提高刮研修复的质量 （6）加强机床保养，保护好导轨防护装置
2	导轨上移动部件运动不良或不能移动	（1）导轨面研伤 （2）导轨压板研伤 （3）导轨镶条与导轨间隙太小，调得太紧	（1）用 180 目的砂布修磨机床与导轨面上的研伤 （2）卸下压板，调整压板与导轨间隙 （3）松开镶条放松螺钉，调整镶条螺栓，使运动部件运动灵活，保证 0.03mm 的塞尺不得塞入，然后紧止退螺钉
3	加工面在接刀处不平	（1）导轨直线度超差 （2）工作台镶条松动或镶条弯度太大 （3）机床水平度差，使导轨发生弯曲	（1）调整或修刮导轨，允差为 0.015mm/500mm （2）调整镶条间隙，镶条弯度在自然状态下小于 0.05mm/全长 （3）调整机床安装水平，保证平行度、垂直度在 0.02mm/1000mm 之内

 拓展知识

一、主轴的密封与结构调整

1. 主轴密封

主轴密封件中，被密封的介质往往会以穿漏、渗透或扩散的形式越界泄漏到密封连接处的另外一侧。造成泄漏的基本原因是流体从密封面上的间隙溢出，或由于密封件内外两侧介质的压力差或浓度差，导致流体向压力或浓度低的一侧流动。

图 3-1-7 所示为卧式加工中心主轴前支承的密封结构，采用的是双层小间隙密封装置。主轴前端车出两组锯齿形护油槽，在法兰盘 4 和 5 上开沟槽及泄漏孔，喷入轴承 2 内的油

液流出后被法兰盘4内壁挡住，并经过下面的泄油孔9和套筒3上的回油斜孔8流回油箱。少量油液沿主轴6流出时，在主轴护油槽离心力的作用下被甩至法兰盘4的沟槽内，经回油斜孔8重新流回油箱，达到了防止润滑油液泄漏的目的。

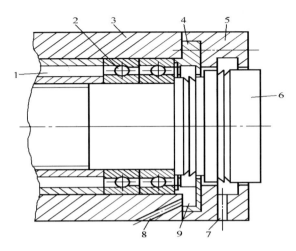

1- 进油口　2- 轴承　3- 套筒　4、5- 法兰盘　6- 主轴　7- 泄漏孔　8- 回油斜孔　9- 泄油孔

图 3-1-7　主轴前支承的密封结构

当外部切削液，切屑及灰尘等沿主轴6与法兰盘5之间的间隙进入时，经法兰盘5的沟槽由泄漏孔7排出，少量的切削液、切屑及灰尘进入主轴前锯齿沟槽，在主轴6高速旋转的离心力作用下仍被甩至法兰盘5的沟槽内由泄漏孔7排出，达到主轴端部密封的目的。

2. 主轴间隙密封结构的调整

要使间隙密封结构能在一定的压力和温度范围内具有良好的密封防漏性能，必须保证图 3-1-7 中法兰盘 4 和 5 与主轴及轴承端面的配合间隙。

（1）法兰盘 4 与主轴 6 的配合间隙应控制在 0.1～0.2mm（单边）范围内。如果间隙偏大，则泄漏量将按间隙的 3 次方扩大；若间隙过小，由于加工及安装误差，容易与主轴局部接触，使主轴局部升温并产生噪声。

（2）法兰盘 4 内端面与轴承端面的间隙应控制在 0.15～0.3mm 范围内。小间隙可使压力油直接被挡住并沿法兰盘 4 内端面下部的泄油孔 9 经回油斜孔 8 流回油箱。

（3）法兰盘 5 与主轴的配合间隙应控制在 0.15～0.25mm（单边）范围内。间隙太大，进入主轴 6 内的切削液及杂物会显著增多；间隙太小，则易与主轴接触。法兰盘 5 沟槽深度应大于 10mm（单边），泄漏孔 7 的直径应大于 φ6mm，并位于主轴下端靠近沟槽内壁处。

（4）法兰盘 4 的沟槽深度大于 12mm（单边），主轴上的锯齿尖而深，一般在 5～8mm 范围内，以确保具有足够的甩油空间。法兰盘 4 处的主轴锯齿向后倾斜，法兰盘 5 处的主轴锯齿向前倾斜。

（5）法兰盘 4 上的沟槽与主轴 6 上的护油槽对齐，以保证被主轴甩至法兰盘沟槽内腔的油液能可靠地流回油箱。

（6）套筒前端的回油斜孔 8 及法兰盘 4 的泄油孔 9 的流量为进油孔的 2～3 倍，以保证压力油能顺利地流回油箱。

这种主轴前端密封结构也适合于普通卧式车床的主轴前端密封。在油脂润滑状态下使用该密封结构时，取消了法兰盘泄油孔及回油斜孔，并且有关配合间隙适当放大，经正确加工及装配后同样可达到较为理想的密封效果。

二、数控机床机械辅助装置故障的维修

（一）刀库和自动换刀装置（ATC）故障的维修

自动换刀装置（ATC）是数控机床的重要机械执行机构。

大部分数控机床（加工中心）的换刀是由带刀库的自动换刀系统依靠机械手在机床主轴与刀库之间自动交换刀具的，也有少数数控机床（加工中心）是通过主轴与刀库的相对运动而直接交换刀具的；数控车床及车削中心的换刀装置大多依靠电动或液压回转刀架完成，对于小规格的零件，也有用排刀式刀架完成换刀的。

（二）数控机床液压传动系统的维修

数控机床液压传动系统的主要驱动对象有液压卡盘、静压导轨、液压拨叉变速液压缸、主轴箱的液压平衡、液压驱动机械手和主轴上的松刀液压缸等。

（三）数控机床气动系统的维护

数控机床一般都使用气动系统，所以厂房内应备有清洁、干燥的压缩空气供给系统网络，其流量和压力应符合使用要求，空气压缩机要安装在远离数控机床的地方。

根据厂房内的布置情况、用气量大小，应给压缩空气供给系统网络安装冷冻空气干燥机、空气过滤器、气罐和安全阀等装置。

数控机床的气动系统主要用于主轴锥孔吹气和开关防护门，如图3-1-20所示。有些加工中心依靠气液转换装置实现机械手的动作和主轴松刀。

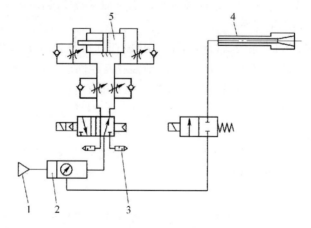

1-气源　2-压缩空气调整装置　3-消声器　4-主轴　5-防护门气缸

图3-1-20　加工中心气动控制原理图

数控机床气动系统的维护工作任务如下：

（1）保证供给洁净的压缩空气。压缩空气中都含有水分、油分和粉尘等杂质。水分会使管道、阀和气缸腐蚀；油分会使橡胶、塑料和密封材料变质；粉尘会造成阀体动作失灵。应选用合适的过滤器，以清除压缩空气中的杂质。使用过滤器时应及时排除积存的液体，否则当积存液体接近挡水板时，气流仍可将积存物卷起。

（3）保证空气中含有适量的润滑油。大多数气动执行元器件和控制元器件都要有适度的润滑。如果润滑不良，将会发生以下故障。

1）摩擦阻力增大则造成气缸推力不足，阀芯动作失灵。
2）密封材料的磨损会造成空气泄漏。
3）由于生锈造成元器件的损伤及动作失灵。

（3）保证气动系统的密封性。气动系统密封性不好就会漏气，漏气不仅增加了能量的消耗，还会导致供气压力的下降，甚至造成气动元器件工作失常。严重的漏气在气动系统停止运行时，由漏气引起的响声很容易发现；轻微的漏气则应利用仪表，或用涂抹肥皂水的办法进行检查。

（4）保证气动元器件中运动零件的灵敏性。从空气压缩机排出的压缩空气，包含有粒度为 0.01～0.08μm 的压缩机油微粒，在排气温度为 120～220℃ 的高温下，这些油粒会迅速氧化，氧化后油粒颜色变深，黏性增大，并逐步由液态固化成油泥。这种微米级以下的颗粒，一般过滤器无法滤除。

（5）保证气动装置具有合适的工作压力和运动速度。调节工作压力时，压力表应当工作可靠，读数准确。减压阀与节流阀调节后，必须紧固调压阀盖或锁紧螺母，防止松动。

一、任务描述

数控车床在加工过程中，主轴产生剧烈的振动，经检测主轴部件，发现是主轴部件中的轴承损坏了，现在需要对轴承零件进行拆卸，更换新的主轴轴承。安装后，保证主轴的径向跳动靠近主轴端面处为 0.01mm，离主轴端部 300mm 处为 0.01mm；主轴端面的轴向窜动保证在 0.01mm 内。

二、实施准备

1. 劳保用品佩戴：工作服、劳保鞋、安全帽、手套等。
2. 设备准备：广州数控车床（型号 GSK 980）
3. 工具准备：请按照表 3-1-5 准备好以下工具、量具和刃具。

表 3-1-5 工具、量具和刃具准备一览表

名称	规格	精度	数量	备注
刮刀				各 1 把
红丹粉				若干
油石				1 块
专用扳手				1 套
活动扳手	4～8 英寸			1 套
内六角扳手				1 套
量块		0.01		1 套
手锤				1 把
铜棒		0.02		1 把
三角锉刀锉	150mm（4 号）	0.02		1 把
钢直尺	0～150mm	0.01		1 把
杠杆百分表				1 个
百分表架				1 个
专用导轨滑块				1 个
游标高度尺	150mm			1 把
游标卡尺	150mm			1 把
外径千分尺	25-50mm			1 把

三、实施过程

任务一实施过程如表 3-1-6 所示。

表 3-1-6 任务一实施过程表

步骤号	步骤任务	方法	备注/示意图
1	带轮拆卸	将带轮连接盘上全部的螺钉拆卸，取下带轮及带轮连接盘	
2	端盖拆卸	将端盖上的全部螺钉拆卸，取下端盖	
3	圆柱滚珠轴承拆卸	将圆柱滚珠轴承上的紧固螺钉松开，依次取下圆柱滚珠轴承和挡圈	
4	卡盘过渡盘拆卸	将卡盘过渡盘上的螺钉拆卸，取下卡盘过渡盘	
5	主轴拆卸	将角接触球轴承上的全部紧固螺钉松开，取下主轴	
6	角接触球轴承拆卸	依次取下角接触球轴承	

四、实施项目任务书和报告

（1）项目任务书

项目任务书

姓名		任务名称	
指导老师		小组成员	
课时		实施地点	
时间		备注	
任务内容			
数控车床主轴的拆卸			
考核项目	1. 带轮拆卸		
	2. 圆柱滚珠轴承的拆卸		
	3. 主轴、端盖、卡盘过渡盘的拆卸		
	4. 角接触球轴承的拆卸		

（2）项目任务报告

项目任务报告

姓名		任务名称	
班级		小组成员	
完成日期		分工内容	
报告内容			
1. 带轮拆卸			
2. 圆柱滚珠轴承的拆卸			
3. 主轴、端盖、卡盘过渡盘的拆卸			
4. 角接触球轴承的拆卸			

项目 3-2 数控机床电缆护套的辨别与诊断

数控机床是现代企业进行生产的重要基础装备，是完成生产过程的重要技术手段。数控机床具有加工精度高、自动化程度高、工作效率高、操作使用方便的特点，现今已得到广泛的应用。但是数控机床也是"多事之宝"，它"高兴"时，活干得又快又好，而一旦"犯起怪脾气"，就要引来一系列的麻烦。就目前的使用情况而言，数控机床的维修率仍然居高不下。

一、数控机床不同时期的管理

(一) 数控机床的初期使用管理

1. 数控机床的初期使用管理

(1) 初期使用管理的目的

数控机床初期使用管理是指数控机床在安装试运行后从投产到稳定生产这一时期(一般约半年左右)对机床的调整、保养、维护、状态监测、故障诊断,以及操作、维修人员的培训教育,维修技术信息的收集、处理等全部管理工作。其目的如下:

1) 使安装投产的数控机床能尽早达到正常稳定的良好技术状态,满足产品质量和效率的要求。

2) 通过生产验证及时发现数控机床从规划、选型、安装、调试至使用初期出现的各种问题,尤其是对数控机床本身的设计、制造中的缺陷和问题进行反馈,以促进数控机床设计、制造质量的提高和改进数控机床选型、购置工作,并为今后的数控机床规划决策提供可靠依据。

2. 使用初期管理的主要内容

(1) 做好初期使用的调试,以达到原设计预期功能。

(2) 对操作、维修工人进行使用技术培训。

(3) 观察机床使用初期运行状态的变化,做好记录与分析。

(4) 查看机床结构、传动装置、操纵控制系统的稳定性和可靠性。

(5) 跟踪加工质量、机床性能是否达到设计规范和工艺要求。

(6) 考核机床对生产的适用性和生产率情况。

(7) 考核机床的安全防护装置及能耗情况。

(8) 对初期发生故障部位、次数、原因及故障间隔期进行记录分析。

(9) 要求使用部门做好实际开动台时、使用条件、零部件损伤和失效记录。对典型故障和零部件的失效进行分析,提出对策。

(10) 对发现机床原设计或制造的缺陷,提出改善、维修意见和措施。

(11) 对使用初期的费用、效果进行技术经济分析和评价。

(12) 将使用初期所收集信息的分析结果向有关部门反馈。

(二) 数控机床的中长期管理

数控机床在使用中随着时间的推移,电子元器件老化和机械部件疲劳也要随之加重,设备故障就可能接踵而来,导致数控机床的修理工作量随之加大,机床的维修费用在生产支出项中就要增加。因此,要不断改进数控机床管理工作,合理配置、正确使用、精心保养并及时修理,才能延长数控机床有效使用时间,减少停机时间,以获得良好的经济效益,体现先进设备的经济意义。

数控机床的中长期管理要规范化、系统化，并具有可操作性、可坚持性。其主要内容简要归纳起来就是正确使用、计划预修、搞好日常管理。

数控机床管理工作的任务概括为"三好"，即管好、用好、修好。

1. 管好数控机床

企业经营者必须管好本企业所拥有的数控机床，及时掌握数控机床的数量、质量及其变动情况，合理配置数控机床；严格执行关于设备的移装、调拨、借用、出租、封存、报废、改装及更新的有关管理制度，保证财产的完整齐全，保持其完好和价值。操作工也必须管好自己使用的机床，未经上级批准不准他人使用，杜绝无证操作现象。

2. 用好数控机床

企业管理者应帮助员工正确使用和精心维护好数控机床，生产应依据机床的能力合理安排，不得有超性能使用和拼设备之类的短期化行为。操作工必须严格遵守操作维护规程，不超负荷使用，不采取不文明的操作方法，认真进行日常保养和定期维护，使数控机床保持整齐、清洁、润滑、安全的标准。

3. 修好数控机床

生产安排时应考虑和预留计划维修时间，防止机床带病运行。操作工要配合维修工修好设备，及时排除故障。要贯彻预防为主、养为基础的原则，实行计划预防修理制度，广泛采用新技术、新工艺，保证修理质量，缩短停机时间，降低修理费用，提高数控机床的各项技术经济指标。

二、数控机床的使用管理

（一）对数控机床工作人员基本素质的要求

数控机床工作人员的合理配置是保证数控机床正常生产和创造良好经济效益的必要条件。

企业关键工序的典型零件生产，从编制工艺、预备毛坯、选用刀具、确定夹具、编制程序等技术准备工作，到调整刀具、首件试切成功的全过程需要管理、技术和操作人员齐力配合、共同协作、既互相支持又互相制约才能完成。每试切成功一种零件，还应总结修改有关工艺文件及程序单，做好工艺、程序等软件技术资料的积累、总结和提高。编程者要掌握操作技术，操作工要熟悉编程，这一点相当重要，因为数控机床的应用技术密集、复杂，不懂操作的编程者编不出最佳的程序，不懂编程的操作工加工不出理想的零件，甚至无法加工。至少，操作工要能看懂程序，在加工准备过程中检查程序的正确性，同时要清楚地知道每一个程序段所要完成的加工内容和加工方式。具体地讲，对于使用人员素质的要求分别如下：

1. 对管理人员的要求

管理人员要充分了解数控机床生产的特点并掌握各配合环节的节拍，绝不能用管理普通机床的方法来管理数控机床。

2. 对（编程）技术人员的要求

数控机床的加工效率高，需要准备的工作量较大、技术性较强，因此数控机床技术人员须有较宽的知识面，要求其能做到如下：

（1）熟悉设备，能根据零件尺寸、加工精度和结构，选用并使用合适型号和规格的数控机床。

（2）熟悉机械制造工艺，能制定合理的工艺规程。

（3）懂夹具知识，能够根据工件和机床的性能规格，正确地提出组合夹具设计任务书或专用工装、夹具设计任务书。

（4）懂刀具知识，能根据加工零件的材质、硬度等级和精度要求，正确地选用刀具材料和种类，合理选用刀具几何参数，选用高效、合适的切削用量。

（5）熟悉各种编程语言，能编制出充分发挥数控机床功能和高效生产的加工程序。

（6）会使用计算机，运用典型 CAD/CAM 软件编程，熟悉并使用 CAPP 应用软件。

（7）有一定的生产实践经验和理论知识，能处理加工过程中出现的各种技术问题。

3. 对操作工的要求

数控机床操作工首先要有良好的思想素质和业务素质。

（1）必须有中、高职以上文化程度，头脑清晰，思维敏捷，爱学习，肯钻研，事业心强，经过正规的训练，通过考核，并且具备一定的英语基础。

（2）了解机械加工必需的工艺技术知识，有一定的加工实践经验。

（3）必须了解所操作机床的性能、特点，熟悉掌握操作方法和操作技能。

（4）熟悉所操作机床数控系统的编程方法，能快速理解程序，检查程序正确与否。

（5）能分析影响加工精度的各种因素，并采取相应对策。

（6）有一定的现场判断能力，能分析并处理简单的机床故障。

（7）掌握所操作机床的安全防护措施，维护保养好所用的机床，处理突发的不安全事件。

（8）熟悉掌握数控机床辅助设备的使用方法，如对刀仪、磁盘录放机、微型计算机等。

操作工要具备上述能力，须经过一段时间的培养和实践。

4. 对刀具工的要求

拥有数量较多数控机床的企业，要为数控车间配置专职的刀具工，各种刀具应在刀具库集中管理，由刀具工集中准备、修磨，这样才能更好地发挥数控机床高效的优势。每加工一批零件前，应将刀具调整卡提前一个周期送到刀具库，刀具工就可以按刀具调整卡修磨、调整、安装好所需的各种刀具，并测出刀具直径、刀长，记录在刀具调整卡上，贴上相应的刀号标签，装到刀具输送车上。操作工在领用刀具时，所领用的不是一把刀具，而是由刀具工调整安装好的由刀具、辅具、拉钉配套而成的加工一种零件所需的一组刀具。

刀具工必须具备比较丰富的实践经验，有较好的刀具理论知识，懂得一定的切削原理，熟悉各种刀柄，熟悉各种牌号的刀具，会使用对刀仪，了解各种辅具的性能、规格及安装使用方法，能够根据刀具调整卡配置刀具，修磨各种角度的刀具，调整刀具尺寸，能提前完成准备生产加工所用刀具的工作。

5. 对维修人员的要求

数控机床是综合型的高技术设备，要求维修人员素质较高、知识面广。维修人员除具有丰富的实践经验外，还应接受系统的专业培训。这种培训必须是跨专业的、多专业的。其中，机修人员要学习一些电气维修知识，电修人员要了解机械结构及机床调试等技能，有比较宽的机、电、液专业知识及机电一体化知识，以便综合分析、判断故障根源。有条件的企业可以派机、电维修人员到机床制造厂家熟悉整个机床安装、调试过程，以便积累更多的经验。对数控机床维修人员的具体要求如下：

（1）全面掌握和了解数控系统，并且掌握数控编程。

（2）维修人员要有敏锐的观察力，善于从现象看到本质。

（3）应具有良好的职业道德和责任心以及对故障追根寻源的精神。

（4）数控机床维修人员要不断学习新知识、新技术，才能跟上数控技术的发展步伐。

（二）数控机床的使用管理要求

1. 对操作工的技术培训

为了正确合理地使用数控机床，操作工在独立工作前，必须接受应有、必要的基本知识和技术理论及操作技能的培训，并且在熟练技师指导下进行实际上机训练，达到一定的熟练程度。同时要参加国家职业资格的考核鉴定，经过鉴定合格并取得资格证后，方能独立操作数控机床。严禁无证上岗操作。

2. 数控机床操作工使用数控机床的基本功和操作纪律

（1）数控机床操作工"四会"基本功。

1）会使用。操作工应先学习数控机床操作规程，熟悉机床结构性能、传动装置，懂得加工工艺和工装工具在数控机床上的正确使用。

2）会维护。能正确执行数控机床维护和润滑规定，按时清扫，保持机床清洁完好。

3）会检查。了解机床易损零件部位，直到完好检查的项目、标准和方法，并能按规定进行日常检查。

4）会排除故障。熟悉机床特点，能鉴别机床正常与异常现象，懂得其零件拆装注意事项，会进行一般故障调整或协同维修人员进行故障排除。

（2）操作工维护使用数控机床的四项要求。

1）整齐。工具、工件、附件摆放要整齐，机床零部件及安全防护装置要齐全，线路管道要完整。

2）清洁。设备内外要清洁，无"黄袍"，各滑动面、丝杆、齿轮无油污、无损伤；各部位不漏油、漏水、漏气、切屑应清扫干净。

3）润滑。按时加油、换油，油质符合要求；油枪、油壶、油杯、油嘴齐全，油毡、油管清洁，油窗明亮，油路畅通。

4）安全。实行定人定机制度,遵守操作维护规程,合理使用,注意观察运行情况,不出安全事故。

(3) 操作工的五项纪律。

1）凭操作证使用设备,遵守安全操作维护规程。
2）经常保持机床整洁,按规定加油,保证合理润滑。
3）遵守交接班制度。
4）管好工具、附件,不得遗失。
5）发现异常立即通知有关人员检查处理。

3. 实行定人定机持证操作

数控机床必须由经考核合格持职业资格证书的操作工操作,并严格执行定人定机和岗位责任制,以确保正确使用数控机床和落实日常维护工作。多人操作的数控机床应实行机长负责制,由机长对使用和维护工作负责。

4. 建立使用数控机床的岗位责任制

(1) 数控机床操作工必须严格按数控机床操作维护规程、四项要求、五项纪律的规定正确使用与精心维护设备。

(2) 实行日常点检,认真记录。做到班前正确润滑设备;班中注意运转情况;班后清扫擦拭设备,保持清洁,涂油防锈。

(3) 在做到"三好"要求下,练好"四会"基本功,搞好日常维护和定期维护工作;配合维修工人检查修理自己操作的设备;保管好设备附件和工具,并参加数控机床修后验收工作。

(4) 认真执行交接班制度,填写好交接班及运行记录。

(5) 发生设备事故时立即切断电源,保持现场,操作工及时向生产工长和车间维修员(师)报告,听候处理。分析事故时应如实说明经过,对违反规程等造成的事故应负直接责任。

5. 建立好交接班制度

连续生产和多班制生产的机床必须实行交接班制度。交班人除完成设备日常维护作业外,必须把机床运行情况和发现的问题详细记录在交接班簿上,并主动向接班人介绍清楚,双方当面检查,在交接班簿上签字。接班人如发现异常或情况不明、记录不清时,可拒绝接班。如交接不清,机床在接班后发生问题,由接班人负责。

企业对在用设备均需设交接班簿,不准涂改撕毁。区域维修部(站)和维修员(师)应及时收集分析,掌握交接班执行情况和数控机床技术状态信息,为数控机床状态管理提供资料。

6. 着力数控机床的维护

对数控机床进行维护或保养能防止非正常磨损,使数控机床保持良好的技术状态,并延长数控机床的使用寿命,降低数控机床的维修费用。

日本现在企业一贯推行的 5S 现场管理标准是"整理、整顿、清扫、清洁、素养"，目的是通过员工对现场和设备的自觉维护管理，创造和保持整洁明亮的环境，形成良好的生产、工作氛围，以提高产品质量和生产率。

（三）制定数控机床操作维护规程

数控机床操作维护规程是指导操作、维护人员正确使用和维护设备的技术性规范，每个操作、维护人员必须严格遵守，以保证数控机床正常运行，减少故障，防止事故发生。

1. 数控机床操作维护规程制定原则

（1）一般应按数控机床操作顺序及班前、班中、班后的注意事项分列，力求内容精炼、简明、适用，属于"三好"、"四会"的项目不再列入。

（2）按照数控机床类别将结构特点、加工范围、操作注意事项、维护要求等分别列出，便于操作工掌握要点，贯彻执行。

（3）各类数控机床具有共性的内容，可编制统一的标准通用规程。

（4）对于重点、高精度、大重型及稀有、关键数控机床，必须单独编制操作维护规程，并用醒目的标志牌、板张贴显示在机床附近，要求操作工特别注意，严格遵守。

2. 操作维护规程的基本内容

（1）班前清理工作场地，按日常检查卡规定项目检查各操作手柄、控制装置是否处于停机位置，安全防护装置是否完整牢靠，查看电源是否正常，并做好点检记录。

（2）查看润滑、液压装置的油质、油量，按润滑图表规定加油，保持油液清洁，油路畅通，润滑良好。

（3）确认各部位正常无误后，方可空车启动设备。先空车低速运转 $3 \sim 5$ min，查看各部运转正常、润滑良好后，方可进行工作。不得超负荷规范使用机床。

（4）工件必须装夹牢固，禁止在机床上敲击夹紧工件。

（5）合理调整各轴行程撞块，定位正确紧固。

（6）操纵变速装置必须切实转换到固定位置，使其啮合正常，并要停机变速，不得用反车制动变速。

（7）数控机床运转中要经常注意各部位情况，如有异常，应立即停机处理。

（8）测量工件、更换工装、拆卸工件都必须停机进行。离开机床时必须切断电源。

（9）要注意保护数控机床的基准面、导轨、滑动面，保持清洁，防止损伤。

（10）经常保持润滑及液压系统清洁，盖好箱盖，不允许有水、尘、切屑等污物进入油箱及电气装置。

（11）工作完毕和下班前应清扫机床设备，保持清洁，将操作手柄、按钮等置于非工作位置，切断电源，办好交接班手续。

在制订各类数控机床操作维护规程时，除上述基本内容外，还应针对各机床本身特点、操作方法、安全要求，特殊注意事项等列出具体要求，便于操作工遵照执行，同时还应要求操作工熟悉操作维护规程等。

（四）数控机床的维护内容

数控机床的维护是操作工为保持设备正常技术状态，延长使用寿命所必须进行的日常工作，是操作工主要职责之一。数控机床维护必须达到四项要求的规定。

数控机床维护分日常维护和定期维护两种。

1. 数控机床的日常维护

数控机床日常维护包括每班维护和周末维护，由操作工负责。

（1）每班维护。班前要对设备进行点检，查看油箱及润滑装置的油质、油量有无异常，并按润滑图表规定加油，检查安全装置及电源等是否良好，确认无误后，先空车运转，待润滑情况及各部正常后方可工作。

（2）周末维护。在每周末和节假日前，用 1～2h 较彻底地清擦设备，清除油污，达到维护的四项要求，并由维修员（师）组织维修组检查评分进行考核，公布评分结果。

2. 数控机床的定期维护

数控机床定期维护是在维修工辅导配合下，由操作工进行的定期维修作业，按设备管理部门的计划执行。在维护作业中发现的故障隐患，一般由操作工自行调整，不能自行调整的则以维修工为主，操作工配合，并按规定做好记录报送维修员（师）登记转设备管理部门存查。设备定期维护后要由维修员（师）组织维修组逐台验收，设备管理部门抽查，作为对车间执行计划的考核。

数控机床定期维护的主要内容如下：

（1）每月维护。

1）真空清扫控制柜内部。

2）检查、清洗或更换通风系统的空气过滤器。

3）检查全部按钮和指示灯是否正常。

4）检查全部电磁铁和限位开关是否正常。

5）检查并紧固全部电缆接头并查看有无腐蚀、破损。

6）全面查看安全防护设施是否完整牢固。

（2）每两月维护。

1）检查并紧固液压管路接头。

2）查看电源电压是否正常，有无缺相和接地不良。

3）检查全部电动机，并按要求更换电刷。

4）液压马达有否渗漏并按要求更换油封。

5）开动液压系统，打开放气阀，排除液压缸和管路中空气。

6）检查联轴器、带轮和带是否松动与磨损。

7）清洗或更换滑块和导轨的防护毡垫。

（3）每季维护。

1）清理切削液箱，更换切削液。

2）清洗或更换液压系统的过滤器及伺服控制系统的过滤器。

3）清洗主轴齿轮箱，重新注入新润滑油。

4）检查联锁装置、定时器和开关是否正常运行。

5）检查继电器接触压力是否合适，并根据需要清洗和调整触点。

6）检查齿轮箱和传动部件的工作间隙是否合适。

（4）每半年维护。

1）抽取液压油进行化验，根据化验结果，对液压油箱进行清洗换油，疏通油路，清洗或更换过滤器。

2）检查机床工作台水平，查看全部锁紧螺钉及调整垫铁是否锁紧，并按要求调整水平。

3）检查镶条、滑块的调整机构，调整间隙。

4）检查并调整全部传动丝杠载荷，清洗滚动丝杠并涂新油。

5）拆卸、清扫电动机、加注润滑油脂，检查电动机轴承，酌情予以更换。

6）检查、清洗并重新装好机械式联轴器。

7）检查、清洗和调整平衡系统，视情况更换钢缆或链条。

8）清扫电器柜、数控柜及电路板，更滑维持 RAM 内容的失效电池。

9）其他维护。要经常维护机床各导轨及滑动面的清洁，防止拉伤和研伤，并且经常检查换刀机械手及刀库的运行情况、定位情况。

（五）数控机床的运行管理

1. 运行使用中的注意事项

（1）要重视工作环境。数控机床必须安放在无阳光直射、有防护震装置并远离有震动机床的环境适宜的地方，附近不应有焊机、高频设备等干扰，并要避免环境温度对设备精度的影响，必要时应采取适当措施加以调整。要经常保持机床的清洁。

（2）操作人员不仅要有资格证，在入岗操作前还要由技术人员按所用机床进行专题操作培训，熟悉说明书及机床结构、性能、特点，弄清和掌握操作盘上的仪表、开关、旋钮及各按钮的功能和指示的作用。严禁盲目操作和误操作。

（3）数控机床用的电源电压应保持稳定，其波动范围应在 $-15\% \sim +10\%$ 以内，否则应增设交流稳压器。电源不良会造成系统不能正常工作，甚至引起系统内电子元器件的损坏。

（4）数控机床所需压缩空气的压力应符合标准，并保持清洁。管路严禁使用未镀锌铁管，防止铁锈堵塞过滤器。要定期检查和维护气液分离器，严禁水分进入气路。最好在机床气压系统外增置气液分离过滤装置，增加保护环节。

（5）润滑装置要清洁，油路要畅通，各部位润滑应良好，所加油液必须符合规定的质量标准，并经过滤。

（6）电气系统的控制柜和强电柜的门应尽量少开。

（7）经常清理数控装置的散热通风系统，使数控系统能可靠地工作。数控装置的工作温度一般应 $\leq 55℃ \sim 60℃$，每天应检查数控柜上各个排风扇的工作是否正常，风道过滤器有无被灰尘堵塞。

（8）数控系统的 RAM（随机存储器）后备电池的电压由数控系统自行诊断，低于工作电压将自动报警提示。此电池用于断电后维持数控系统 RAM 存储器的参数和程序等数据。

（9）正确选用优质刀具不仅能充分发挥机床加工效能，也能避免不应发生的故障，刀具的锥柄、直径尺寸及定位槽等都应达到技术要求，否则换刀动作将无法顺利进行。

（10）在加工工件前须先对各坐标进行检测，复查程序，对加工程序模拟试验正常后，再进行加工。

（11）操作工在设备操作回机床零点、工作零点、控制零点前，必须确定各坐标轴的运动方向无障碍物，以防碰撞。

（12）数控机床的光栅尺为精密测量装置，不得碰撞和随意拆动。

（13）数控机床的各类参数和基本设定程序的安全储存直接影响机床正常工作与性能发挥，操作工不得随意修改。如操作不当造成故障，应及时向维修人员说明情况，以便寻找故障线索，进行处理。

（14）数控机床机械结构简化，密封可靠，自诊断功能日益完善，在日常维护中除清洁外部及规定的润滑部位外，不得拆卸其他部位。

数控机床较长时间不用时要注意防潮，停机两月以上时，必须给数控系统供电，以保证有关参数不丢失。

2. 数控机床安全运行要求

（1）严禁取掉或挪动数控机床上的维护标记及警告标记。

（2）不得随意拆卸回转工作台，严禁用手动换刀方式互换刀库中刀具的位置，以防错刀。

（3）加工前应仔细核对工件坐标系原点的选用，加工轨迹是否与夹具、工件、机床干涉。新程序经校核后方能执行。

（4）刀库门、防护挡板和防护罩应齐全，且灵活可靠。机床运行时严禁开电器柜门。环境温度较高时，不得采取破坏电器柜门联锁开关开门的方式强行散热。

（5）切屑排除机构应运转正常，严禁用手和压缩空气清理切屑。

（6）床身上不能摆放杂物，设备周围应保持整洁。

（7）在数控机床上安装刀具时，应使主轴锥孔保持干净。关机后主轴应处于无刀状态。

（8）维修、维护数控机床时，严禁开动机床。发生故障后，必须查明并排除机床故障，然后再重新起动机床。

（9）加工过程中应注意机床显示状态，对异常情况应及时处理，尤其应注意报警、急停超程等安全操作。

（10）清理机床前，先将各坐标轴停在中间位置，按要求依序关闭电源，再清扫机床。

任务实施

项目任务实施包括项目任务书和项目任务报告。

1. 项目任务书

项目任务书

姓名		任务名称	
指导老师		小组成员	
课时		实施地点	
时间		备注	
任务内容			
1. 数控机床不同时期的管理工作都有哪些？ 2. 对不同岗位的人员要求都有哪些？ 3. 数控机床的使用管理要求是什么？ 4. 数控机床的维护都有哪些工作？			
考核项目	1. 数控机床不同时期的管理		
	2. 对不同岗位的人员要求		
	3. 数控机床的使用管理		
	4. 数控机床的维护		

2. 项目任务报告

项目任务报告

姓名		任务名称	
班级		小组成员	
完成日期		分工内容	

报告内容
1. 数控机床不同时期的管理
2. 对不同岗位的人员要求
3. 数控机床的使用管理
4. 数控机床的维护

教学评价

教学评价包括学生自评、学生互评和教师评价。

1. 学生自评

学生自评表　　　　　　　　　　年　月　日

姓名		模块名称	
项目名称		实际得分	标准分
计划与决策（20 分）			
是否考虑了安全和劳动保护措施			5
是否考虑了环保及文明使用设备			5
是否能在总体上把握学习进度			5
是否存在问题和具有解决问题的方案			5
实施过程（60 分）			
			15
			15
			15
			15
检查与评估（20 分）			
是否能如实填写项目任务报告			5
是否能认真描述困难、错误和修改内容			5
是否能如实对自己的工作情况进行评价			5
是否能及时总结存在的问题			5
合计总得分			100
困难所在：			
对自评人的评价：　□满意　　□较满意　　□一般　　□不满意			
改进内容：			
学生签名		教师签名	

2. 学生互评

学生互评表　　　　　　　　年　月　日

学生姓名		模块名称	
项目名称		实际得分	标准分
计划与决策（20分）			
是否考虑了安全和劳动保护措施			5
是否考虑了环保及文明使用设备			5
是否能在总体上把握学习进度			5
是否存在问题和具有解决问题的方案			5
实施过程（60分）			
			15
			15
			15
			15
检查与评估（20分）			
是否能如实填写项目任务报告			5
是否能认真描述困难、错误和修改内容			5
是否能如实对自己的工作情况进行评价			5
是否能及时总结存在的问题			5
合计总得分			100
完成不好的内容： 完成好的内容：			
对自评人的评价：　☐满意　　☐较满意　　☐一般　　☐不满意			
改进内容：			
学生签名		测评人签名	

3. 教师评价

教师评价表　　　　　　　年　月　日

学生姓名		模块名称	
项目名称		实际得分	标准分
计划与决策（20分）			
是否考虑了安全和劳动保护措施			5
是否考虑了环保及文明使用设备			5
是否能在总体上把握学习进度			5
是否存在问题和具有解决问题的方案			5
实施过程（60分）			
			15
			15
			15
			15
检查与评估（20分）			
是否能如实填写项目任务报告			5
是否能认真描述困难、错误和修改内容			5
是否能如实对自己的工作情况进行评价			5
是否能及时总结存在的问题			5
合计总得分			100
完成不好的内容： 完成好的内容：			
完成情况评价：　□很好　　□较好　　□好　　□一般			
教师评语：			
学生签名		教师签名	

 学后感言

_____
_____
_____
_____
_____
_____ 。

 任务习题

1. 衡量主轴部件性能的指标都有哪些？
2. 主轴部件中的滚动轴承起什么作用？常见的滚动轴承都有哪些类型？
3. 主轴变速方式都有哪些？
4. 简述数控机床进给传动系统组成及其作用。
5. 简述数控机床润滑系统的作用。
6. 主轴箱噪声大一般有哪些原因？对应的排除方法又有哪些？
7. 滚珠丝杆副常见的故障及其维修方法都有哪些？
8. 导轨常见故障及其排除方法都有哪些？
9. 简述数控机床不同时期的管理工作都有哪些。
10. 对不同岗位人员的要求分别都有哪些？
11. 简述数控机床的维护都有哪些内容。

模块四　数控系统原理及 CNC 装置功能

本模块将重点介绍常用数控系统组成、数控系统工作原理，以及 CNC 装置功能的认识两大部分内容。旨在让同学们认识数控车床数控系统组成机构、特点及其类型，了解掌握硬件连接设计的基础知识，学会数控车床数控系统硬件连接和拆装。

学习目标

【知识目标】

1. 掌握数字控制、数控系统、计算机数控系统的概念。
2. 了解 FANUC、广州数控系统基础知识。
3. 理解掌握数控系统的控制原理及其组成和分类。
4. 掌握 CNC 装置的工作过程及其功能特点。

【技能目标】

1. 掌握数控车床硬件连接拆装。
2. 掌握硬件连接设计初步能力。

工作任务

项目 4-1 常用数控系统简介。
项目 4-2 数控系统原理及 CNC 装置功能的认识。

项目 4-1　数控车床系统组成结构

数控系统是数控机床的控制核心，数控系统的故障直接影响数控机床的正常使用。而要想掌握好数控系统的故障诊断及排除方法，则必须充分了解掌握数控系统的组成、特点及其工作原理，以及熟悉国内外典型常用的数控系统。

一、认识数控系统

（一）数控系统的定义

1. 数控

数控是数字控制（Numerical control，简称 NC）的简称，数字控制是近代发展起来的一种自动控制技术，用数字化信号对机床运动及其加工过程进行控制的一种方法。

2. 数控系统

数控系统是数字控制系统（Numerical Control System）的简称，早期是与计算机并行发展演化的，用于控制自动化加工设备，由电子管和继电器等硬件构成，具有计算能力的专用控制器的称为硬件数控（Hard NC）。20 世纪 70 年代以后，分离的硬件电子元器件逐步由集成度更高的计算机处理器代替，称为计算机数控系统。

计算机数控（Computerized numerical control，简称 CNC）系统是用计算机控制加工功能，实现数值控制的系统。CNC 系统根据计算机存储器中存储的控制程序，执行部分或全部数值控制功能，并配有接口电路和伺服驱动装置的专用计算机系统。

数控系统能够逻辑地处理具有控制编码或其他符号指令规定的程序，并将其译码，用代码化的数字表示，通过信息载体输入数控装置。经运算处理由数控装置发出各种控制信号，控制机床的动作，按图纸要求的形状和尺寸，自动地将零件加工出来。而在传统的手动机械加工中，这些过程都需要经过人工操纵机械而实现，很难满足复杂零件对加工的要求，特别对于多品种、小批量的零件，加工效率低、精度差。数控系统所控制的通常是位置、角度、速度等机械量和开关量。

（二）数控系统的组成

数控系统是数控机床的控制核心。数控系统一般由输入输出设备、数控装置（又称 CNC 装置或 CNC 单元）、伺服单元、驱动装置（或称执行机构）、可编程控制器 PLC 及电气控制装置、辅助装置及测量装置组成，如图 4-1-1 所示。

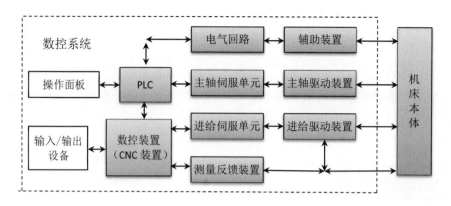

图 4-1-1 数控系统组成（虚线框部分）

1. 输入输出装置

输入输出装置主要用于零件加工程序的编制、存储、打印和显示或机床加工信息的显示等。简单的输入输出装置有键盘和若干个数码管，较高级的系统一般配有 CRT 显示器或点阵式液晶显示器，显示的信息较丰富，并能显示图形。此外，还有纸带阅读机、磁带机或软盘、自动编码机或 CAD/CAM 系统等，如图 4-1-2 所示。

（a）操作面板

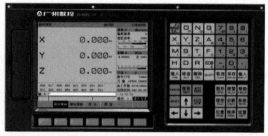
（b）显示器和 MDI 键盘

图 4-1-2 输入输出装置

2. 数控装置

数控装置是数控系统的核心。主要包括微处理器 CPU、内存、局部总线、外围逻辑电路，以及与 CNC 系统的其他组成部分联系的接口等。数控机床的 CNC 系统完全由软件处理数字信息，因而具有真正的柔性化，可处理逻辑电路难以处理的复杂信息，使数字控制系统的性能大大提高。

其原理是根据输入的数据插补出理想的运动轨迹，然后输出到执行部件（伺服单元、驱动装置和机床本体），加工出所需要的零件。因此，输入、轨迹插补、位置控制是数控装置的三个基本部分。所有这些工作是由数控装置内的系统程序（也称控制程序）进行合理的组织，使整个系统有条不紊地进行工作。

（a）FANUC 0C 数控装置　　　（b）FANUC 0D 数控装置　　（c）FANUC 0iA 数控装置

图 4-1-3　数控装置

3. 可编程控制器

可编程控制器（PC，Programmable Controller）是一种以微处理器为基础的通用型自动控制装置。由于最初研制这种装置的目的是为了解决生产设备的逻辑及开关控制，故把它称为可编程逻辑控制器（PLC，Programmable Logic Controller）。当 PLC 用于控制机床顺序动作时，也可称之为编程机床控制器（PMC，Programmable Machine Controller）。

PLC 已成为数控机床不可缺少的控制装置。CNC 和 PLC 协调配合，共同完成对数控机床的控制。用于数控机床的 PLC 一般分为两类，一类是 CNC 的生产厂家为实现数控机床的顺序控制，而将 CNC 和 PLC 综合起来设计，称为内装型（或集成型）PLC，内装型 PLC 是 CNC 装置的一部分；另一类是以独立专业化的 PLC 生产厂家的产品来实现顺序控制功能，称为独立型（或外装型）PLC。

4. 伺服单元

伺服单元是 CNC 和机床本体的联系环节，它把来自 CNC 装置的微弱指令信号放大成控制驱动装置的大功率信号。根据接收指令的不同，伺服单元有脉冲式和模拟式之分，而模拟式伺服单元按电源种类又可分为直流伺服单元和交流伺服单元。

5. 驱动装置

驱动装置把经放大的指令信号变为机械运动，通过简单的机械连接部件驱动机床，使工作台精确定位或按规定的轨迹作严格的相对运动，最后加工出图纸所要求的零件。和伺服单元相对应，驱动装置有步进电机、直流伺服电机和交流伺服电机等。伺服单元和驱动装置可合称为伺服驱动系统，它是机床工作的动力装置，CNC 装置的指令要靠伺服驱动系统付诸实施。所以，伺服驱动系统是数控机床的重要组成部分。从某种意义上说，数控机床功能的强弱主要取决于 CNC 装置，而数控机床性能的好坏主要取决于伺服驱动系统。

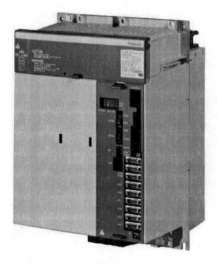 

（a）伺服放大器　　　　　　　　（b）电动机

图 4-1-4　伺服驱动系统

6. 测量装置

测量装置也称反馈组件，通常安装在机床的工作台或丝杠上，相当于普通机床的刻度盘和人的眼睛，它把机床工作台的实际位移转变成电信号反馈给 CNC 装置，供 CNC 装置与指令值比较产生误差信号，以控制机床向消除该误差的方向移动。

测量装置按有无检测装置，CNC 系统可分为开环与闭环数控系统，而按测量装置的安装位置又可分为闭环与半闭环数控系统。开环数控系统的控制精度取决于步进电机和丝杠的精度，闭环数控系统的控制精度取决于检测装置的精度。因此，测量装置是高性能数控机床的重要组成部分。此外，由测量装置和显示环节构成的数显装置，可以在线显示机床移动部件的坐标值，大大提高工作效率和工件的加工精度。

（三）常用数控系统

常见的进口数控系统中具有代表性的有 FANUC 系统、SIEMENS 系统，以及 MITSUBISHI 系统、A-B 系统、FAGOR 系统等。常见的国产数控系统有广州数控系统、华中数控系统和北京凯恩帝数控系统等。

虽说上述这些国产的数控系统在全世界的用量正在增加，但总体技术水平与国外产品还有很大的差距，要真正树立民族品牌还需要进一步的努力。

（四）数控系统的分类

1. 按运动轨迹分类

数控系统按照运动轨迹的不同，可分为点位控制数控系统、直线控制数控系统和轮廓控制数控系统。

(1)点位控制数控系统。仅控制机床运动部件从一点准确地移动到另一点的准确定位，在移动过程中不进行加工。主要应用于数控钻床、数控镗床。

（2）直线控制数控系统。除了控制机床运动部件从一点到另一点的准确定位外，还要控制两相关点之间的移动速度和运动轨迹。主要应用于数控车床、数控铣床。

（3）轮廓控制数控系统。能够对两个以上机床坐标轴的移动速度和运动轨迹同时进行连续相关的控制。插补结果向坐标轴控制器分配脉冲，从而控制各坐标轴联动，进行各种斜线、圆弧、曲线的加工，实现连续控制。数控车床、数控铣床和线切割机床。

2. 按伺服系统分类

数控系统按照伺服系统的不同，可分为开环控制数控系统、半闭环控制数控系统和全闭环控制数控系统。

（1）开环控制数控系统。没有任何检测反馈装置，CNC 装置发出的指令信号经驱动电路进行功率放大后，通过步进电动机带动机床工作台移动，信号的传输是单方向。机床工作台的位移量、速度和运动方向取决于进给脉冲的个数、频率和通电方式。

（2）半闭环控制数控系统。采用角位移检测装置，该装置直接安装在伺服电动机轴或滚珠丝杠端部，用来检测伺服电动机或丝杠的转角，推算出工作台的实际位移量，反馈到 CNC 装置的比较器中，与程序指令值进行比较，用差值进行控制，直到差值为零。

（3）闭环控制数控系统。这类数控系采用直线位移检测装置，该装置安装在机床运动部件或工作台上，将检测到的实际位移反馈到 CNC 装置的比较器中，与程序指令值进行比较，用差值进行控制，直到差值为零。

3. 按制造方式分类

数控系统按照伺服系统的不同，可分为通用型数控系统和专用型数控系统。

（1）通用型数控系统。以 PC 机作为 CNC 装置的支撑平台，各数控机床制造厂家根据用户需求，有针对性地研制开发数控软件和控制卡等，构成相应的 CNC 装置。

（2）专用型数控系统。各制造厂家专门研制、开发制造的，专用性强，结构合理，硬件通用性差，但其控制功能齐全，稳定性好，如德国 SIEMENS 系统、日本 FANUC 系统等。

4. 按功能水平分类

数控系统按功能水平，可分为经济型、普及型和高级型三种，这种分类没有严格的界限，参考指标包括：CPU 性能、分辨率、进给速度、伺服性能、通信功能和联动轴数等。

（1）经济型数控系统。该类系统采用 8 位的 CPU 或单片机控制，分辨率为 0.001mm，进给速度在 6~8m/min 之间，采用步进电机，联动在 3 轴以下，具有简单的 CRT 字符现实或数码管显示功能。

（2）普及型数控系统。该系统采用 16 位或者更高性能的 CPU，分辨率在 0.001mm 以内，进给速度可以达到 100m/min，采用交流或者直流电动机，联动在 5 轴以下，具有 CRT 字符显示或者平面性图形显示功能。

（3）高级型数控系统。该系统采用 32 位或者更高性能的 CPU，分辨率在 0.0001mm，进给速度可达到 24m/min，采用数字化交流伺服电动机，具备联网功能，联动在 5 轴以上，具有三维动态图形显示功能。

二、FANUC 数控系统

（一）FANUC 数控系统的发展概况

FANUC 公司创建于 1956 年，主要制造生产步进电机。20 世纪 60 年代开始，逐步发展并完善了以硬件为主的开环数控系统。1976 年 FANUC 公司研制成功数控系统 5，随后又与 SIEMENS 公司联合研制了具有先进水平的数控系统 7，从这时起，FANUC 公司逐步发展成为世界上最大的专业数控系统生产厂家之一。

1979 年至 1984 年，FANUC 公司相继研制出了数控系统 6、系统 3、系统 9、系统 10、系统 11 和系统 12。

1985 年，FANUC 公司推出数控系统 0 以来得到了各国用户的高度评价，成为世界范围内用户最多的数控系统之一。

1987 年 FANUC 公司又成功研制出数控系统 15 被称之为划时代的人工智能型数控系统，它应用了 MMC（Man Machine Control）、CNC、PMC 的新概念。

1987—1994 年，FANUC 公司对 15 系列 CNC 进行功能精简，提高性价比。相继开发了 FANUC 16 系列 CNC（18 轴控制/6 轴联动）、FANUC 18 系列 CNC（6 轴控制/4 轴联动）、FANUC 20 系列 CNC（8 轴控制/4 轴联动）、FANUC 21 系列 CNC（6 轴控制/4 轴联动）、FANUC 22 系列 CNC（4 轴控制/4 轴联动）等。

1995—1998 年，FANUC 公司开始在 CNC 系统中应用 IT 的网络与总线等技术，开发了一系列 CNC 产品，如 FANUC 15i/150i-MODEL A、FANUC 16i/18i/21i-MODEL A、FANUC 160i/180i/210i-MODEL A、FANUC 15i/150i-MODEL B 等。

2000 年，FANUC 公司开发了 FANUC 0i-MODEL A（控制轴数/轴联动数为 4/4 轴）、FANUC 16i/18i/21i-MODEL B（控制轴数/轴联动数分别为 8/6、8/5、5/4 轴）、FANUC 160is/180is/210is-MODEL B 与 FANUC αi 系列和 β 系列数字伺服等驱动产品。

2002 年，开发了可以用于 5 轴联动加工的 FANUC 16i/18i/21i-MB5，以及 FANUC 0i-MODEL B、FANUC 0i-Mate A（3 轴控制/3 轴联动）系列 CNC 与 βi 系列数字伺服驱动。

2003—2005 年，相继开发了 FANUC 30i/31i/32i-MODEL A、FANUC 30i-MODEL A5（5 轴联动）与 FANUC 0-MODEL C 系列 CNC 与 αis 系列数字伺服驱动。

2005—2006 年，相继开发了 5 轴联动加工用 FANUC 31i/32i-MODEL A5 与使用 MMC（人机界面）的 FANUC300i/310i/320i-MODEL A、FANUC300is/310is/320is-MODEL A、FANUC31i/310i/310is-MODEL A5 系列 CNC。

FANUC 公司经过 60 年的发展，已经开发出了 40 多种系列产品。自 20 世纪 70 年代中期以来，FANUC 公司的 CNC 系统大量进入我国市场，并占据了重要的市场地位。尤其 FANUC 0 系列系统应用较为广泛。

（二）常见 FANUC 数控系统及其特点

常见 FANUC 数控系统如表 4-1-1 所示。

表 4-1-1　常见 FANUC 数控系统一览表

系列	型号	应用	说明	图示
0D 系列（普及型）	0–TD	车床	1895 年开发，该系列 CNC 由于具有很高的可靠性，使得其成为世界畅销的 CNC，直至 2004 年 9 月停产，一共生产了 35 万台，至今有很多该系列系统还在使用中	
	0–MD	铣床、小型加工中心		
	0–GCD	圆柱磨床		
	0–GSD	平面磨床		
	0–PD	冲床		
0C 系列（全功能型）	0–TC	普通车床、自动车床	1895 年开发，该系列 CNC 由于具有很高的可靠性，使得其成为世界畅销的 CNC，直至 2004 年 9 月停产，一共生产了 35 万台，至今有很多该系列系统还在使用中	
	0–MC	铣床、钻床、加工中心		
	0–GCC	内、外磨床		
	0–GSC	平面磨床		
	0–TTC	双刀架、4 轴车床		
0i-A 系列（高性价比）	0i–TA	车床、可控制 4 轴	2001 年开发，具有高可靠性、高性价比的特点。带 mate 标记的是为该型号的精简型	
	0i–MA	铣床、加工中心		
	0i–mateTA	车床，2 轴 2 联动		
	0i–mateMA	铣床，3 轴 3 联动		
0i–B 系列（高性价比）	0i–TB	车床、可控制 4 轴	2003 年开发，都具有高可靠性、高性价比的特点。和 0i-A 系列相比，0i-B/0i MATE-B 系列采用了 FSSB（串行伺服总线）代替了 PWM 指令电缆。非常适合于高精度模具加工	
	0i–MB	铣床、加工中心		

89

（续表）

系列	型号	应用	说明	图示
0i–C 系列	i0–TC	车床	2004 年开发，也具有高可靠性和高性价比的特点。与 0i-B/0i MATE-B 系列相比，0i-C/0i MATE-C 系列的 CNC 与液晶显示器构成一体，便于设定和调试	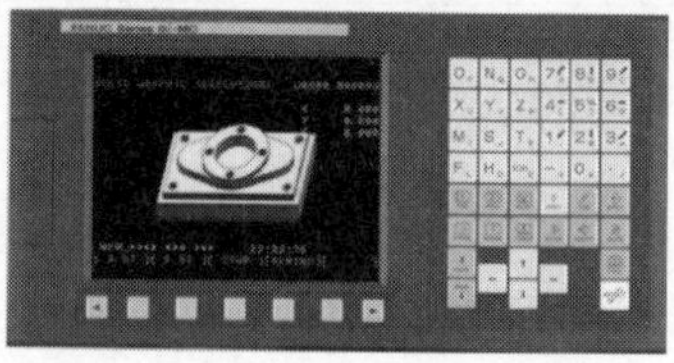
	i0–MC	铣床、小型加工中心		
	i0–mate C（最多 3 轴）	车床、铣床、小型加工中心		
0i–D 系列	i0–TD	普通车床、双路径车床	0i-TD 系列采用纳米插补，可最大控制轴数 1 路径系统为 4 轴，2 路径系统为 8 轴（每路径最大为 5 轴）。同时控制轴数为 4。最大主轴数 1 路径系统为 2 个；2 路径系统为 3 个（每路径最大为 2 个），具有高可靠性、高性能价格比的特点	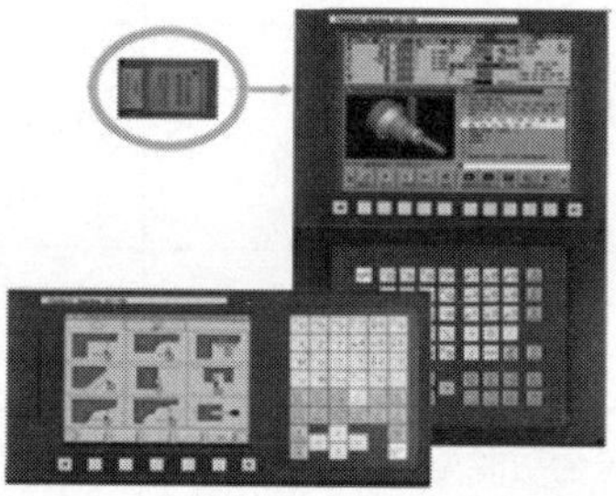
	i0–MD	加工中心	0i-MD 系列采用纳米插补，可最大控制轴数为 5，同时控制轴数为 4，最大主轴数为 2 个，具有高可靠性、高性能价格比的特点	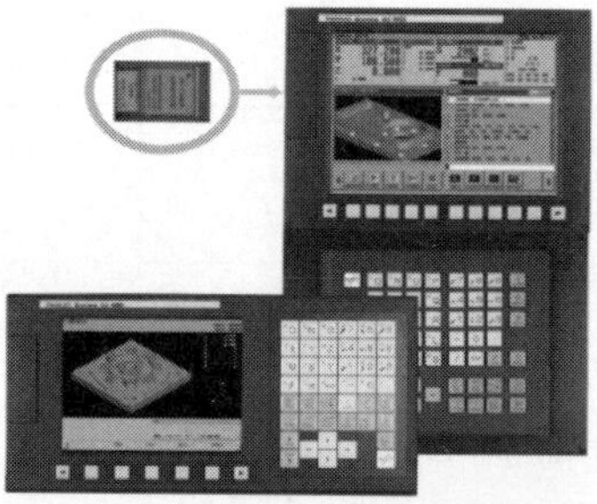
	0i Mate-MD/TD	简单的铣削类机床和车床。加工中心用 CNC 采用 0i Mate-MD，车床用 CNC 用 0i Mate-TD	具有高可靠性、高性能价格比的特点，适用于最大控制轴数，其中 0i Mate-MD 为 4 轴，0i Mate-TD 为 3 轴。同时控制轴数为 3 轴，最大主轴数为 1 个	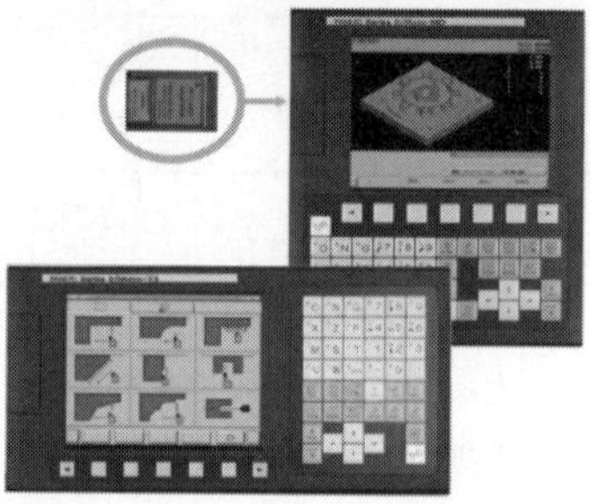

（续表）

系列	型号	应用	说明	图示
16i/18i/21i		车床、加工中心、磨床等各类机床	1996年开发，该系统凝聚FANUC过去CNC开发的技术精华，广泛应用于车床、加工中心、磨床等各类机床。16i用于最大8轴，6轴联动；18i用于最大6轴，4轴联动	
30i/31i/32i		5轴加工机床、符合加工机床、多路径车床等尖端技术机床。	2003年开发，适合控制5轴加工机床、符合加工机床、多路径车床等尖端技术机床的纳米级CNC，通过采用高性能处理器和可确保高速的CNC内部总线，使得最多可控制10个路径和40个轴。同时配备了15英寸大型液晶显示器，具有出色的操作性能，通过CNC，伺服，检测器可进行纳米级单位的控制，并可实现高速，高质量的模具加工	

（三）FANUC数控系统的型号意义

FANUC数控系统的型号意义如图4-1-12所示。

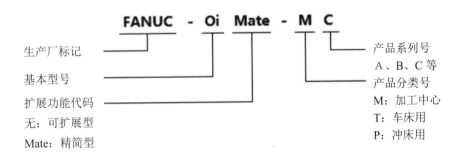

图4-1-12　FANUC数控系统的型号意义

其中，0i 表示 FANUC 系统的型号（类型名称），即系统的种类和档次。

型号后面的字母表示扩展功能代码，若省略表面可扩展型；若标有 Mate 表示该系统的精简型。

倒数第二位字母表示该系统使用于机床类型。如 M 用于铣床或加工中心，T 用于车床，P 用于冲床，L 用于激光机床，G 用于磨床。

最后一位字母表示该系统的版本，由同一系统开发的先后来定义。

三、广州数控系统

（一）广州数控系统的发展

广州数控系统由广州数控设备有限公司（简称：广州数控、GSK）开发，该公司成立于 1991 年，历经创业、创新、创造，首批高新技术企业，国内专业技术领先的成套智能装备解决方案提供商，被誉为中国南方数控产业基地，广州数控标志如图 4-1-13 所示。

国家科技重大专项产品：GSK25iT/iM 系列数控系统，GSK988T/TA/TB/MD 系列数控系统，218TC/TD/MC/MD 系列数控系统 GS/GH/GE 系列驱动单元 175SJT 系列高速交流伺服电动机，265SJT 大转矩交流伺服电动机，ZJY208 系列高速主轴伺服电机，ZJY265 系列高速主轴伺服电机 ZJY440 系列大功率主轴伺服电动机。

图 4-1-13　广州数控标志

以下是广州数控系统的部分产品。

单轴数控系统：GSK991、GSK992、GSK96 等。

广州数控系统包含很多系统，其中

一类：GSK928 系列：有 GSK928TA、GSK928TB、GSK928TC、GSK928TD。

一类：GSK980 系列：有 GSK980TA、GSK980TB、GSK980TC、GSK980TD。

铣床、加工中心系统：GSK980MD、GSK990MA、GSK983M、GSK218M 等。

（二）常见广州数控系统及其特点

广州数控的产品类型较多，接下来介绍几个较为典型的广州数控系统产品的特点。

1. GSK 980TDc 系列数控车床系统

广州数控车床系统的型号主要有 GSK218T 系列、GSK928T 系列、GSK980T 系列等，广州数控系统属于中低档的数控系统，其系统面板多为集成式面板，即把系统操作面板和机床操作面板集成为一体。

GSK980T 系列中的 GSK980TDc 是 GSK980TDb 的升级产品，采用 8.4 英寸彩色 LCD，支持梯形图在线监控，新增在线机床调试向导、示教、辅助编程、多边形车削等功能。GSK 980TDc 系列数控车床系统如图 4-1-14 所示。标配 GS2000T-N 系列强过载型伺服单元及 5000 线编码器的伺服电机，达到了 μ 级位置精度，支持 I/O 单元扩展，可满足普及型数控车床和专用机床的应用需求。

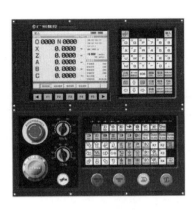

（a）GSK 980TDc　　　　（b）GSK 980TDc-H　　　　（c）GSK 980TDc-v

图 4-1-14　GSK 980TDc 系列数控车床系统

2. GSK218MC 系列加工中心系统

GSK218MC 系列加工中心系统是 GSK218M 的升级产品，采用高速样条插补算法，加工速度、精度、表面光洁度得到大幅提升；最大控制轴数为 12 轴，联动轴数为 5 轴，PLC 控制轴数为 3 轴；支持 GSK-LINK 以太网总线，连接调试更加方便；可适配加工中心、磨床、滚齿机、螺杆铣、木工、石材、搅拌摩擦焊等离子切割等机床。GSK218MC 系列加工中心系统如图 4-1-15 所示。

图 4-1-15　GSK218MC 系列加工中心系统

3. GSK208D 系列铣床数控系统

GSK208D 系列数控系统是广州数控设备有限公司为高速雕铣机专门开发的一款高性能、高性价比数控系统，如图 4-1-16 所示。该系统采用高速样条插补算法，加工速度、精度得到大幅度提升,以及表面粗糙度好,支持自动对刀功能,个性化设计的操作面板与美观、友好、易用的人机界面,是高速雕铣机数控的最佳选择。

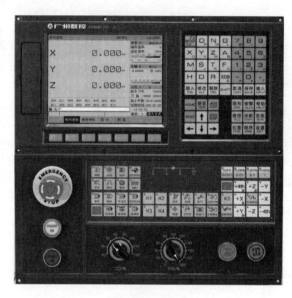

图 4-1-16　GSK208D 系列铣床数控系统

（三）广州数控系统的型号意义

广州数控系统的型号意义如图 4-1-17 所示。

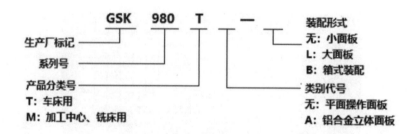

图 4-1-17　广州数控系统的型号意义

GSK 表示的是广州数控系统产品；980 表示系统系列号。

系列号后面的字母表示产品分类号,T 表示车床用系统,M 则表示铣床或加工中心用的系统。

在产品分类号后（在"—"前）是类别代号；在"—"后表示装配形式。

任务 1

根据提示,完成下列数控系统组成图。

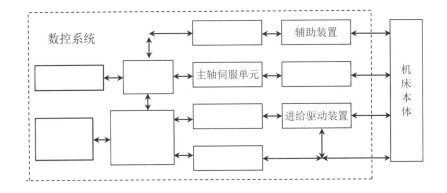

任务2

请在图片下方标注出该设备属于数控系统哪个装置。

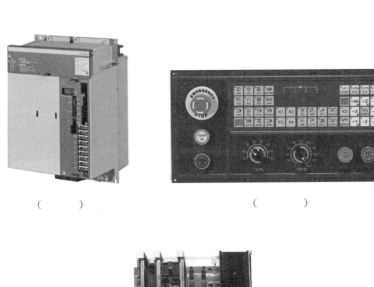

(　　)　　　　　(　　)　　　　　(　　)

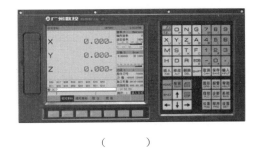

(　　)　　　　　(　　)　　　　　(　　)

项目任务书

姓名		任务名称	
指导老师		小组成员	
课时		实施地点	
时间		备注	
任务内容			
1. 简述数控系统组成结构。 2. 根据图示能够识别出数控系统对应装置。			
考核项目	1. 数控系统的组成		
	2. 识别数控系统装置		

项目任务报告

姓名		任务名称	
班级		小组成员	
完成日期		分工内容	
报告内容			
1. 数控系统的组成。			
2. 任务 2 中对应的数控系统装置名称依次为：			

项目 4-2　数控硬件连接辨别与诊断

数控系统是数控机床的核心部件，随着数控技术的发展，数控系统的稳定性越来越强，故障率也随着下降。但在机床的使用过程中，难免出现各电缆接头松动、损坏，造成数控机床不能正常运转，需要对数控系统各个部件进行故障诊断排除。因此，作为数控维修技术人员，需要掌握好数控系统硬件的安装连接方法及其诊断排除技能。

一、数控系统主要部件及接口

通过上个项目的学习，我们知道数控系统一般都由输入输出设备、数控装置、伺服单元、驱动装置、可编程控制器 PLC 及电气控制装置、辅助装置及测量装置组成。其中，数控装置是整个数控系统的核心部件。数控系统硬件的连接实际上就是利用电缆线、导线将其他设备装置分别连接到数控装置（控制器）的对应接口上，如图 4-2-1 所示。

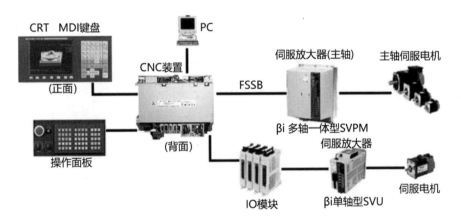

图 4-2-1　FANUC 0i C 数控系统硬件连接示意图

这里值得注意的是，不同数控生产厂家生产的数控系统硬件结构可能存在着很大区别，即使是同一家生产厂家，其生产的不同系列的数控系统的硬件结构或整体配置也可能存在着很大区别。例如有些机床是没有操作面板、I/O 卡或 I/O Link 轴。因此，在实际的数控系统硬件连接中，应参考所使用的系列数控系统配置或安装说明书进行安装连接。

（一）CNC 装置及接口

1. CNC 装置结构

CNC 装置是整个数控系统的核心，它主要用来对各坐标轴进行插补控制、输出主轴转速，以及进行主轴定位控制。此外，它还对输入的 M、S、T 指令进行译码，传送给 PMC 等。数控装置（控制器部分）的硬件实际上就是一台专用的微型计算机。其内部包括 CPU 卡、FROM/SRAM 模块、PMC、模拟主轴模块、电源单元、轴控制卡、显示控制卡等基本组件。例如 FANUC 0i 各组件实物如图 4-2-2 所示。

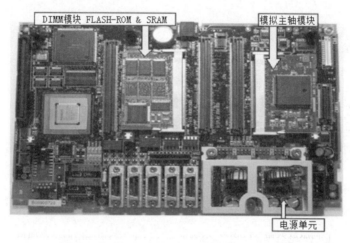

（a）FROM/SRAM 模块、模拟主轴模块、电源单元

（b）轴控制卡　　（c）显示控制卡　　（d）CPU 卡

图 4-2-2　FANUC 0i C 数控装置各基本组件

随着数控技术的发展，数控装置更趋于模块化和小型化。数控生产厂家一般都将上述数控组件集成于主板上，并封装到控制器箱体中和留出相应接口以便数控机床本体厂商安装使用。如图 4-2-3 所示是 FANUC 0i C 系列的控制器背面图和对应接口位置图。

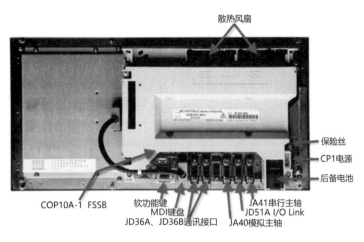

图 4-2-3　FANUC 0i C 控制器接口位置图

2. CNC 装置接口

FANUC 控制器上相应的接口参见图 4-2-3 所示，各接口功能见表 4-2-1。

表 4-2-1　FANUC 0i C 主要接口功能表

接口号	功能
COP10A	伺服放大器（FSSB）系统轴卡与伺服放大器之间的数据通信
JA2	MDI 键盘面板接口
JD36A	RS-232-C 串行端口 通道 1
JD36B	RS-232-C 串行端口 通道 2
JA40	主轴模拟输出 / 高速 DI 点的输入口
JD51A	I/O Link 接口，系统通过此接口与机床强电柜的 I/O 设备（包括操作面板）进行通信
JA41	串行主轴 / 编码器的连接，如果使用 FANUC 的主轴放大器，这个接口是连接放大器的指令线；如果主轴使用的是变频器（指令线由 JA40 模拟主轴接口连接），则这里连接主轴位置编码器（车床一般都要接编码器，如果是 FANUC 的主轴放大器，则编码器连接到主轴放大器的 JYA3）
CP1	电源接口。电源线可能有两个插头，一个为 +24V 输入（左），另一个为 +24V 输出（右）。具体接线为（1—24V，2—0V，3—地线）
CA79A	视频信号接口
CA88A	PCMCIA 接口
CA122/121	软键接口 / 变频器接口
CD38A	以太网接口

（二）伺服驱动系统及接口

伺服驱动系统，又称伺服控制器，由伺服单元和执行机构等组成。CNC装置发出的位移、速度指令需经过伺服驱动系统变换、放大和调整后，由电动机和机械传动机构驱动机床的主轴、坐标轴等，带动刀架、工作台通过轴的联动，使刀具相对工件产生各种复杂的机械运动。

目前，FANUC公司的伺服驱动系统已发展至全数字交流伺服系列。该系列的伺服驱动系统是通过高速串行总线（FSSB）与CNC装置进行数据通信，又分为αi系列和βi系列。在βi系列中又有单轴型和多轴一体型，如图4-2-4所示。

（a）αi系列　　　（b）βi系列单轴型（SVU）　　　（c）βi系列多轴型一体（SVPM）

图4-2-4　FANUC伺服驱动器（放大器）外形实物图

FANUC公司的全数字交流伺服系列伺服驱动器（包括αi系列和βi系列），其与CNC装置的数据通信接口号为COP10B（CNC端接口为COP10A），如图4-2-5所示。

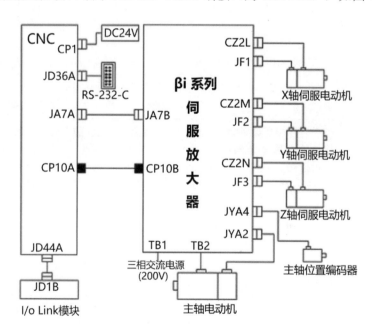

图4-2-5　FANUC伺服驱动器与CNC装置的连接

(三) 主轴模块及接口

数控机床主轴驱动装置根据主轴速度控制信号的不同，分为模拟量控制的主轴驱动装置和串行数字控制的主轴驱动装置两类。模拟量控制的主轴驱动装置采用变频器实现主轴电动机的控制，有通用变频器控制通用电动机和专用变频器控制专用变频电动机两种形式。

使用 FANUC 系统 βi 系列伺服单元时，主轴控制通常采用变频器控制。CNC 装置上的 JA40 为模拟主轴的指令信号输出接口，JA41 连接主轴编码器。主轴编码器一般与主轴采用 1:1 齿轮传动且采用同步带连接，编码器输出为 1024 脉冲/转，经过系统 4 倍频电路得到 4096 个脉冲。

(四) I/O Link 模块及接口

I/O Link 模块是一种可利用网络通信方式进行数据传输的 I/O 设备。在 CNC 系统中是指用于连接机床或操作面板中的按钮、行程开关、指示灯、电磁阀等开关量 I/O 的连接单元，或 PLC（PMC）的 I/O 模块。根据 I/O Link 不同使用场合，可以分为操作面板 I/O 单元、机床 I/O 连接单元、分布式 I/O 单元和 I/O Link βi 系列伺服驱动器。

I/O 分为内置 I/O 板和通过 I/O Link 连接的 I/O 卡或单元，包括机床操作面板用的 I/O 卡、分布式 I/O 单元、手摇脉冲发生器、PMM 等。

FANUC I/O Link 是一个串行接口，将 CNC、单元控制器、分布式 I/O、机床操作面板或 Power Mate 连接起来，并在各设备间高速传送 I/O 信号（位数据）。当连接多个设备时，FANUC I/O Link 将一个设备作为主单元，其他设备作为子单元。子单元的输入信号每隔一定周期送到主单元，主单元的输出信号也每隔一定周期送至子单元，如图 4-2-6 所示。

 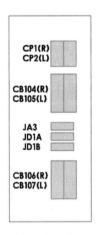

图 4-2-6　FANUC I/O Link 实物连接及接口位置图

二、数控系统故障诊断

(一) 数控系统故障概述

数控系统是数控机床的控制核心，数控系统的故障直接影响数控机床的正常使用。数控系统故障可分为软件故障和硬件故障。随着数控技术的发展，软件系统越来越稳定，故障率是越来越低的。而数控系统硬件随着机床的老化出现的故障率是越来越高的。

1. 数控系统故障分类

数控系统故障可分为软件故障和硬件故障。

（1）软件故障

数控系统软件故障主要有 CNC 装置软件结构中的系统管理或控制程序、加工程序、参数等的故障。软件故障只要将软件内容恢复正常或系统升级修补之后就可排除故障，因此，也被称为可恢复性故障。

（2）硬件故障

数控系统硬件故障主要有 CNC 的电子元器件、检测元器件、线路板、接线、接插件等的故障。数控系统硬件故障按照发生部位可分为显示器故障、低压电器故障、传感器故障、总线装置故障、接口装置故障、电源及控制器故障、调节器故障、伺服放大器故障等。

2. 数控系统故障特点

（1）数控系统故障具有一果多因的特点，一种故障现象可能有多个成因。例如键盘出现故障，可能是由于参数设置错误产生，也可能是开关有问题产生。

（2）数控系统故障又具有一因多果的特点，一个问题可能出现多种故障现象。

（3）数控系统故障诊断排除较为复杂。有些故障现象表面是软件故障，但在究其成因时，却可能发现是硬件故障、线路干扰或人为因素造成的。

（二）数控系统软件故障

1. 数控系统软件故障分类

软件故障可分为系统软件故障和应用软件故障。

（1）系统软件故障往往是由于设计错误而引起的，即在软件设计阶段，由于对系统功能考虑不周，设计目标构思不完整，从而在算法上、定义上或模块衔接上出现缺陷。这些缺陷一旦存在就不会消失，表现为故障的固有性。在某些运行环境下，这种设计缺陷就可能被激发，形成软件故障，对于这类故障可通过更新软件版本的方法来修正。

（2）应用软件故障。数控系统的应用软件，是由用户编制的零件加工程序。包括准备功能 G 代码、辅助功能 M 代码、主轴功能 S 及刀具功能 T 等。对于较高档次的系统，还包括图形编程、参数测量等功能。应用软件故障主要由人为因素产生，带有一定的偶然性和随机性，表现在用户程序设计方面，如书写格式、语法或程序结构上出现错误。加工程序出现的故障，一般数控系统都可以给出报警信息，因此，可根据报警信息对加工程序进行分析和检查，纠正程序后，故障可排除。

2. 常见数控系统软件故障

常见数控系统软件故障现象及原因见表 4-2-2。

表 4-2-2　常见数控系统软件故障现象及原因

序号	软件故障现象	故障原因			
		软件故障原因		硬件问题造成的软件故障原因	
		人为/软性原因	各种干扰	RAM、电池	器件、线缆等
1	操作错误信息	操作失误			
2	超调	加/减速或增益参数设置不当			
3	死机或停机	1）参数设置错误或失配/改写了RAM中的标准控制数据，开关位置错置 2）编程错误 3）程序运算出错，死循环，运算中断，写操作I/O的破坏	1）电磁干扰窜入总线导致时序出错 2）电网干扰、电磁干扰、辐射干扰窜入RAM，或RAM失效与失电造成RAM中的程序、数据、参数被更改或丢失 3）CNC/PLC中机床数据丢失 4）系统参数的改变与丢失 5）系统程序、PLC用户程序的改变与丢失 6）零件加工程序编程错误	1）屏幕与接地不良 2）电源线连接相序错误 3）负反馈接成正反馈 4）主板、计算机内熔丝熔断 5）相关电器，如接触器、继电器或接线的接触不良 6）传感器污染或失效 7）开关失效 8）电池充电线路出现故障、接触不良、电池失效
4	失控				
5	程序中断故障停机				
6	无报警不能运行或报警停机				
7	键盘输入无响应				
8	多种报警并存				
9	显示"未准备好"				
说明		维修后/新程序的调试阶段/新操作工	外因：突然停电、周围施工、感性负载 内因：接口电路故障以及屏蔽与接地问题		长期闲置后起用的机床，或机床失修 带电测量导致短路或撞车后所造成，是人为因素

（三）数控系统硬件故障

1. 数控系统硬件故障分类

数控系统硬件故障的类型见表4-2-3。

表 4-2-3　数控系统硬件故障的类型

硬件故障类型		说明
按器件故障成因	硬件故障	器件功能丧失引起的功能故障，一般采用静态检查容易查出。器件本身硬性损坏属于不可恢复性的故障，必须更换器件；接触性、位移性、污染性、干扰性及接线错误等造成的故障是可以恢复的
	软件故障	器件的性能故障，及器件的性能参数变化导致部分功能丧失。一般需要动态检查，诊断比较困难。如传感器的松动、振动与噪音、温升、动态误差大、加工质量差等
按发生部位		显示器故障、低压电器故障、传感器故障、总线装置故障、接口装置故障、电源及控制器故障、调节器故障、伺服放大器故障等

2. 常见数控系统硬件故障

（1）硬件本身引起的故障

数控系统硬件故障产生的原因较多，不同条件下引起的故障机理是不一样的。例如，机床长时间未使用，机床的接插件接头、熔丝卡座、接地点、接触器或继电器等触点、电池接口等易氧化和腐蚀，会引起功能型故障。老机床易引发拖动弯曲电缆的疲劳折断及含有弹簧的元器件弹性失效，机械手的传感器、位置开关、编码器、测速发电机等易发生松动位移；存储器电池、光电阅读器的读带、芯片与集成电路易出现老化寿命问题以及直流电动机电刷磨损等；光栅、光电头、电动机换向器、编码器、低压控制电器的污染；过滤器与风道的堵塞以及维修的机床容易出现接线错误等软性故障。

（2）由软件故障引起的硬件故障

数控系统硬件故障有一部分是由软件故障引起的，这类故障一般只要将软件问题排除，硬件故障也会消失。由软件故障引起的硬件故障现象见表 4-2-4。

在表 4-2-4 列出的故障现象中，有些故障现象表现为硬件不工作或工作不正常，而实际的原因可能是软性的或参数设置有问题。例如有的控制开关位置错置的操作失误。控制开关不动作可能是参数设置中为"on"状态，而有的开关位置正常（如急停、机床锁住与进给保持开关），可能在参数设置中为"1"状态等。又如，超程和不能回零可能是由于软超程参数与参照点设置不当引起的。因此，在排除硬件故障时，可先检查参数设置是否正确，将有助于判别是软件故障还是硬件故障。

表 4-2-4 由软件故障导致的硬件故障现象

故障类型		故障现象
无信号输出	不动作	显示器不显示
		数控系统不能启动
		数控机床不能运行
	不能启动	轴不动
		程序中断
		故障停机
		刀架不转
		刀架不回落
		机械手不能抓刀
	无反应	键盘输入后无相应动作

(续表)

故障类型		故障现象
输出不正常	失控	飞车
		超程
		超差
		不能回零
		刀架转而不停
	异常	显示器混乱、不稳
		频繁停机或偶尔停机
		振动与噪声
		加工质量差
		欠电压或过压
		过电流或过载

 任务实施

一、任务描述

任务一 数控系统硬件连接

现有一台数控机床,采用的是 FANUC 0i-C 数控系统。该系统于 2004 年开发,具有高可靠性和高性价比的特点。与 0i-B/0i MATE-B 系列相比,0i-C/0i MATE-C 系列的 CNC 与液晶显示器构成一体,便于设定和调试。该系统构成基本组件有 CNC 装置(控制器)、CRT 显示屏和 MDI 键盘(与 CNC 合为一体)、伺服驱动器(放大器)、I/O Link 单元等。请其他组件连接到 CNC 装置相应的接口上。

任务二 FANUC 0i-mate C 数控系统故障诊断

一台 FANUC 0i-mate C 数控系统机床出现故障,经诊断为数控系统常见故障。请根据故障现象,分析故障原因及采用相应手段予以排除。

二、实施准备

1. 劳保用品佩戴:工作服、劳保鞋、安全帽、手套等。
2. 设备准备:FANUC 0i-C 数控系统。
3. 工具准备:请按照表 4-2-5 所示准备好以下工具。

表 4-2-5 工具准备

名称	规格	数量	备注
压线钳		1 套	
剥线钳		1 套	
旋具	一字形／十字形	各一套	
弓锯		1 套	
手电钻		1 套	
丝锥		1 套	
万用表		1 个	

三、实施过程

任务一 数控系统硬件连接

本任务采用的 CNC 装置（控制器）是如图 4-2-3 所示的 FANUC 0i C 控制器接口位置图，该控制器各接口功能如表 4-2-1 所示的 FANUC 0i C 主要接口功能表。

1. CNC 与伺服系统的连接

CNC 装置与伺服系统的连接方式如图 4-2-7 所示。使用 FSSB 光缆将 CNC（控制器）的 COP10A 接口与伺服放大器的 COP10B 连接即可完成 CNC 装置与伺服系统的连接。这里只介绍伺服系统与 CNC 控制器间的接口及连接形式。有关伺服放大器各模块间的连接，或伺服放大器与电动机间的连接，请参见本书模块五内容。

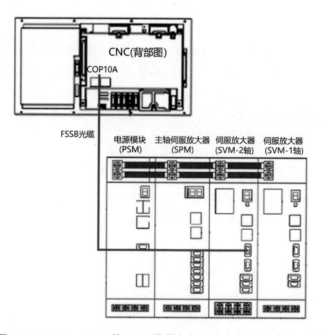

图 4-2-7 FANUC 0i-C 的 CNC 装置与伺服放大器（αi 系列）连接

2. CNC 与主轴模块的连接

CNC 系统中的主轴模块用于控制主轴电动机的转速。电动机的转速可用变频器或编码器来调节，因此主轴模块与 CNC 装置的连接存在着以下两种形式。

（1）采用变频器调速。当采用变频器来对电动机进行调试时，须将变频器连接到 CNC 装置的 JA40 模拟主轴接口，如图 4-2-8 所示。CNC 控制器的模拟主轴是系统向外部提供 0-10V 模拟电压，接线比较简单，但注意极性不能接反，否则变频器不能调速，如图 4-2-9 所示。

（2）采用编码器调速。当采用编码器来对主轴电动机进行调试时，若不采用主轴伺服放大器（图 4-2-8 中的 SPM 模块），则可将编码器直接连接到 CNC 控制器的 JA41 接口上；若采用了主轴伺服放大器，则将主轴伺服放大器的 JA7B 连接到 CNC 控制器的 JA41 接口，然后再将编码器和电动机分别连接到主轴伺服放大器的 JYA3 和 TB2 接口上，参见图 4-2-8。

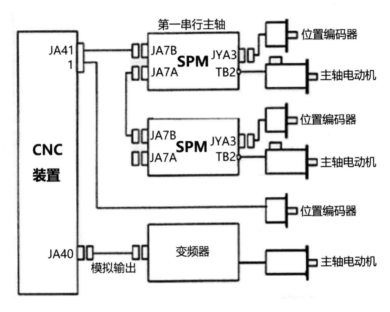

图 4-2-8　CNC 控制器与主轴模块的连接

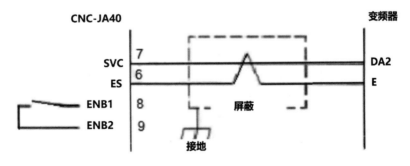

图 4-2-9　模拟主轴的连接

3. I/O 模块的连接

I/O 分为内置 I/O 板和通过 I/O Link 连接的 I/O 卡或单元，包括机床操作面板用的 I/O 卡、分布式 I/O 单元、手脉、PMM 等。对于数控机床顺序逻辑动作，即在用户加工程序中用 M、S、T 指令部分，由 PMC 控制实现。其中包括主轴速度控制、刀具选择、工作台更换、转台分度、工件夹紧与松开等。这些来自机床侧的输入、输出信号与 CNC 之间是通过 I/O Link 建立信号联系的。

FANUC 0i-C 系列的 CNC 控制器的 I/O Link 接口号为 JD51A。I/O 模块与 CNC 间的连接是将 I/O 单元上的 JD1B 接口连接到 CNC 控制器的 JD51A 接口上，如图 4-2-10 所示。

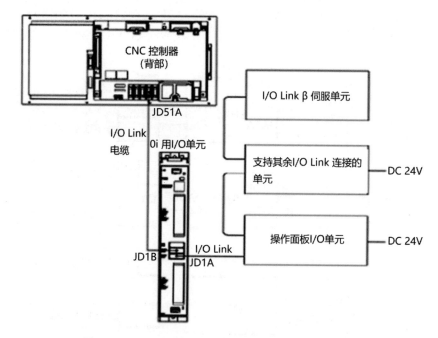

图 4-2-10　FANUC 0i-C 系统 I/O 单元与 CNC 间的连接

该系列 I/O 单元接口功能如下。

JD1B 接口：I/O 模块上的输入端，连接 CNC 控制器的 JD51A 接口，或上一级 I/O 单元的 JD1A 接口。

JD1A 接口：是主控装置或上一级 I/O 单元的输出端，从 JD1A 连接接口出来的电缆用于连接到下一级 I/O 单元的 JD1B 接口。但一个 I/O Link 最多可连接 16 个 I/O 单元。

JA3：手摇脉冲发生器的脉冲信号输入接口。

CP1：I/O 模块工作电源的输入接口，输入电压是直流 24V。

CB104/CB105/CB106/CB107：输入输出的连接端口，是从机床来的输入信号或 PMC 给机床发送的输出信号的连接端口。

4. 其他设备的连接

（1）风扇、电池、软键、MDI 等在出厂时一般都已经连接好，不要改动。

（2）伺服检测（CA69接口）不需要连接。

（3）电源线可能有两个插头，一个为+24V输入（左），另一个为+24V输出（右），具体接线为（1-24V, 2-0V, 3-地线）。

（4）RS232接口是和电脑接口的连接线。若不需连接到电脑，此接口无需接线。

（5）存储卡插槽（在CNC控制器的正面），用于连接存储卡，可对参数、程序、提心图等数据进行输入/输出操作，也可以进行DNC加工。

任务二　数控系统故障诊断及排除

首先观察该数控机床有什么故障现象，然后根据表4-2-5的故障原因进行分析诊断，找出故障的真正原因，最后根据表中的排除方法进行对故障排除。数控系统常见故障的分析与排除方法见表4-2-5。

表4-2-5　数控系统常见故障的分析与排除方法

序号	故障现象	故障原因	排除方法
1	系统开机后，显示器无图像，按键后无任何反应	1）220V交流供电异常	恢复正常供电
		2）熔丝熔断	更换熔丝
		3）开关电源±12V/+5V直流输出电压异常	更换开关电源
		4）显示器机箱与开关电源间连线有虚连	重新插接连线
2	系统工作正常，但显示器无图像或图像混乱	1）220V交流供电电压异常	恢复正常电压
		2）显像管灯丝不亮	更换显示器
		3）显示器与系统主板间视频连接不可靠	重新插接连线
3	按键后系统显示器无响应	1）键盘引线与	重新插接面板引出线
		2）系统主板有故障	更换系统主板
4	系统工作正常，但主轴不工作	1）主轴模拟信号输出端与变频器公共地之间无电压输出	高速下测系统主板模拟信号输出插座引脚的模拟电压值，重插接连线
		2）主轴变频器输出端插座内部连线不可靠、系统输出端主轴正反转、停转脚引线与公共地之间的通断情况异常	测量其通断情况，内部重连或更换系统主板
		3）系统与驱动器间的连线不可靠	外部重新连线

（续表）

序号	故障现象	故障原因	排除方法
5	系统工作正常，但进给不工作	1）进给驱动器供电电压异常	恢复正常电压
		2）驱动电源指示灯不亮	更换驱动器
		3）CNC装置与驱动器连接不可靠	外部重新连线
		4）驱动控制信号插座内部连线不可靠，且各输出端电压（5V）异常	内部重新连线
6	系统工作正常，但刀架不工作或换刀不停	1）手动检查刀位不正常	更换刀架控制器或刀架内部元器件
		2）系统与刀架控制器间的连接不可靠	外部重新连线
		3）刀架控制信号插座连线不可靠且输出端各刀位控制通断信号异常	内部重新连线或更换对应的控制板
7	不能进行主轴高低挡切换，与X、Z轴超程限位开关失灵	1）系统与外部切换开关间的连线不可靠	外部重新连线
		2）外部切换开关异常	更换开关
		3）外部回答信号插座内部连线不可靠	内部重新连线或更换控制板
8	系统各部分工作正常，但加工误差大	1）X、Z轴丝杆方向间隙过大	重新调整并确定间隙
		2）系统内部间隙补偿值不合理	重设预置值
		3）步进电动机与丝杆轴间传动误差大	重新调整并确定误差值
9	存入系统的加工程序常丢失	1）存储板上的电池失效	更换存储板上的电池
		2）存储板断电保护电路有故障	更换存储板
10	程序执行中显示消失，返回监控状态	1）控制装置接地松动，在机床周围有强磁场干扰信号	重新接地，改善环境
		2）电网电压波动太大	加装稳压装置
11	步进电动机易被锁死	对应方向步进电动机的功放驱动板上的大功率管被击穿	更换损坏元器件
12	大功率管经常被击穿	1）大功率管质量差，或大功率管的推动级中的元器件损坏	更换质量好的大功率管，或元器件
		2）步进电动机线圈释放回路有故障	检修释放回路，更换损坏元器件
		3）没有注重控制装置的经常保养	加强对装置的清洁保养
		4）机箱过热	保证机箱通风良好

（续表）

序号	故障现象	故障原因	排除方法
13	某方向的加工尺寸不够稳定，时有失步	对应方向步进电动机的阻尼盘磨损或阻尼盘的螺母松脱	调整步进电动机后端内阻尼螺母，使松紧合适
14	某方向的电动机剧烈抖动或不能运转	1）步进电动机某相的电源断开	修复电动机连线
		2）某相的功放、驱动板损坏	修复或更换损坏的功放、驱动板

四、实施项目任务书和报告书

1. 项目任务书

项目任务书

姓名		任务名称	
指导老师		小组成员	
课时		实施地点	
时间		备注	
任务内容			
1. 数控系统硬件连接； 2. 数控系统故障诊断。			
考核项目	1. 能够将数控系统各硬件正确连接		
	2. 熟悉掌握数控系统常见故障的分析与排除方法		

2. 项目任务报告

项目任务报告

姓名		任务名称	
班级		小组成员	
完成日期		分工内容	
报告内容			
1. 数控系统硬件的连接			
2. 数控系统故障诊断及排除			

教学评价

教学评价包括学生自评、学生互评和教师评价。

1. 学生自评

学生自评表　　　　　　　　　年　月　日

姓名		模块名称	
项目名称		实际得分	标准分
计划与决策（20分）			
是否考虑了安全和劳动保护措施			5
是否考虑了环保及文明使用设备			5
是否能在总体上把握学习进度			5
是否存在问题和具有解决问题的方案			5
实施过程（60分）			
			15
			15
			15
			15
检查与评估（20分）			
是否能如实填写项目任务报告			5
是否能认真描述困难、错误和修改内容			5
是否能如实对自己的工作情况进行评价			5
是否能及时总结存在的问题			5
合计总得分			100
困难所在：			
对自评人的评价：□满意　□较满意　□一般　□不满意			
改进内容：			
学生签名		教师签名	

113

2. 学生互评

学生互评表　　　　　　　　　　年　月　日

学生姓名		模块名称		
项目名称		实际得分		标准分
计划与决策（20分）				
是否考虑了安全和劳动保护措施				5
是否考虑了环保及文明使用设备				5
是否能在总体上把握学习进度				5
是否存在问题和具有解决问题的方案				5
实施过程（60分）				
				15
				15
				15
				15
检查与评估（20分）				
是否能如实填写项目任务报告				5
是否能认真描述困难、错误和修改内容				5
是否能如实对自己的工作情况进行评价				5
是否能及时总结存在的问题				5
合计总得分				100
完成不好的内容： 完成好的内容：				
对自评人的评价：　□满意　□较满意　□一般　□不满意				
改进内容：				
学生签名		测评人签名		

3. 教师评价

教师评价表　　　　　　　　年　月　日

学生姓名		模块名称	
项目名称		实际得分	标准分
计划与决策（20 分）			
是否考虑了安全和劳动保护措施			5
是否考虑了环保及文明使用设备			5
是否能在总体上把握学习进度			5
是否存在问题和具有解决问题的方案			5
实施过程（60 分）			
			15
			15
			15
			15
检查与评估（20 分）			
是否能如实填写项目任务报告			5
是否能认真描述困难、错误和修改内容			5
是否能如实对自己的工作情况进行评价			5
是否能及时总结存在的问题			5
合计总得分			100
完成不好的内容： 完成好的内容：			
完成情况评价：　□很好　　□较好　　□好　　□一般			
教师评语：			
学生签名		教师签名	

学后感言

_____
_____
_____
_____
_____
_____ 。

 任务习题

1. 数控系统主要组成结构有哪些？请画出其组成图。
2. 常见的数控系统都有哪些？
3. 数控系统的分类都有哪些？
4. 什么是 CNC 装置？
5. FANUC 伺服驱动系统与 CNC 是如何进行连接的？
6. 主轴模块与 CNC 装置是如何进行连接的？
7. 什么是 I/O 模块？
8. 数控系统故障都有哪些？具有什么特点？

模块五　数控机床伺服系统故障诊断与维修

在本模块中，我们将重点介绍数控机床伺服系统故障诊断与维修，旨在让同学们了解数控机床进给伺服系统的结构，了解掌握光栅、光电编码器的工作原理。

学习目标

【知识目标】
1. 了解数控机床进给伺服系统的结构。
2. 掌握光栅、光电编码器的工作原理。

【技能目标】
1. 进给伺服系统的连接与伺服参数设置及初始化操作。
2. 伺服系统位置检测装置、光电脉冲编码器故障诊断与维修。

工作任务

项目 5-1 步进进给伺服系统故障诊断与维修。
项目 5-2 数控机床伺服系统位置检测装置故障诊断与维修。

项目 5-1　数控机床伺服系统硬件连接与伺服参数设置

如果说 CNC 主控制系统是数控机床的大脑，那么伺服和主轴驱动就是数控机床的四肢，他们是数控机床的重要组成部分。在机床故障中伺服系统的故障率是较高的，约占数控机床的 1/3。因此，熟悉伺服系统典型的故障类型、现象，掌握不同故障现象的正确诊断分析思路，合理应用所学的诊断方法是十分重要的。

知识准备

一、认识伺服系统

（一）伺服系统的定义及其功能

1. 伺服系统的定义

数控机床的伺服（驱动）系统是指以机床移动部件（如工作台、主轴和刀具等）的位置和速度作为控制量的自动控制系统，又称随动系统。

数控机床伺服系统的作用在于接收来自CNC装置发出的指令信号，经过一定的信号变换及电压、功率放大，驱动机床运动部件实现运动，并保证动作的快速性和准确性。伺服系统既是数控机床控制器与主轴、刀具等间的信息传递环节，又是能量放大与传递的环节，它的性能在很大程度上决定了数控机床的性能。

2. 伺服系统的主要功能

数控机床伺服系统的主要功能是接收CNC装置发出的微小的电控信号（5V左右，mA级），经过编码器或变频器等的处理放大成强电的驱动信号（几十、上百伏，安培级），用以驱动伺服系统的执行元器件——伺服电动机，将电控信号的变化，转换成电动机输出轴的角位移或角速度的变化，从而带动机床运动部件运动，实现对机床主体运动的速度控制和位置控制，达到加工出所需工件的外形和尺寸的最终目标。

（二）伺服系统的基本组成

数控机床伺服系统一般是由驱动控制单元和执行元器件基本组成的。其中，驱动控制单元将进给指令转换为执行元器件所需的信号形式，执行元器件则将该信号转化为相应的机械位移。二者对应机床中的主要部件就是伺服轴卡、伺服驱动器和伺服电动机，如图5-1-1所示。

（a）GSK伺服系统部件

（b）FANUC伺服系统部件

图5-1-1　伺服系统基本组成部件

在有些伺服系统中除了驱动控制单元和执行元器件外，还包括有反馈检测元器件和比较环节组成。其中，反馈检测元器件分为速度反馈和位置反馈两类，反馈检测元器件的作用是检测电动机的转速和工作台的实际位置，然后反馈给比较环节，比较环节将指令信号和反馈信号进行比较，以两者的差值作为伺服系统的跟随误差，经驱动控制单元驱动和控制执行元器件带动工作台运动，如图5-1-2所示。

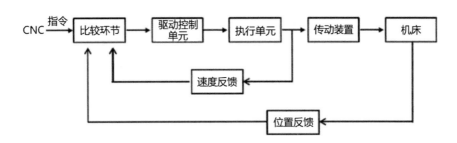

图 5-1-2　伺服系统组成

（三）伺服系统的分类

数控机床伺服系统分类方法有多种，各分类方法如下。

1. 按用途和功能分

（1）主轴伺服系统。主轴伺服系统用于数控机床主轴转动的控制系统。主轴伺服系统只是一个速度控制系统，控制机床主轴的旋转运动，为机床主轴提供驱动功率和所需的切削力，并保证任意转速的调节。

（2）进给伺服系统。进给伺服系统用于数控机床工作台或刀架坐标的控制系统，控制机床各坐标轴的切削进给运动，并提供切削过程所需转矩、速度控制和位置控制。

2. 按控制原理和有无检测反馈环节分

按控制原理和有无检测反馈环节分可以将伺服系统分为开环、半闭环和闭环伺服系统。按反馈比较控制方式的不同，闭环、半闭环伺服系统又可分为数字脉冲比较伺服系统、鉴相式伺服系统、鉴幅式伺服系统和全数字伺服系统。

（1）开环伺服系统。开环伺服系统是一种没有位置检测装置的控制系统，一般由步进电机及其驱动电路组成。数控系统发出指令脉冲信号，经过驱动线路（步进驱动器）变换和放大，传给步进电机。步进电机每接收一个指令脉冲，就旋转一个角度，再通过齿轮副和丝杆螺母副带动机床工作台移动，如图5-1-3所示。其中，指令脉冲的频率决定了步进电机的转速，进而决定了工作台的移动速度。脉冲的数量决定了步进电机转动的角度，进而决定了工作台的位移大小。

开环伺服系统加工精度较低，由于无位置检测装置，其精度取决于步进电机的步进精度和工作频率，以及传动机构的传动精度。结构简单，成本较低，适用于经济型数控机床。

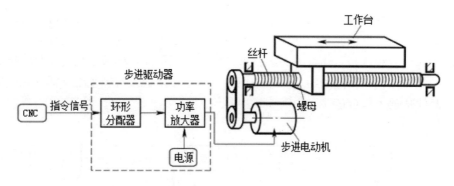

图 5-1-3 开环伺服系统

(2) 闭环伺服系统

闭环伺服系统由执行元器件、驱动控制单元、机床，以及反馈检测元器件、比较环节组成。反馈检测元器件分为速度检测和位置检测两类，闭环伺服系统采用位置检测装置，且该位置检测装置安装于工作台上，直接检测工作台的实际位移。将工作台的实际位置检测后反馈给比较环节，比较环节将指令信号和反馈信号进行比较，以两者的差值作为伺服系统的跟随误差，经驱动控制单元驱动和控制执行元器件带动工作台运动，如图 5-1-4 所示。

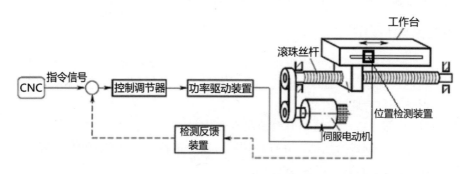

图 5-1-4 闭环伺服系统

闭环伺服系统精度高，其运动精度取决于检测装置的精度，与传动链的误差无关。适用于大型或精密的数控设备。由于位置环内的许多机械传动环节的摩擦特性、刚性和间隙都是非线性的，故很容易造成系统的不稳定，使系统的设计、安装和调试变得困难。

(3) 半闭环伺服系统

半闭环伺服系统和闭环伺服系统的基本组成也是由执行元器件、驱动控制单元、机床，以及反馈检测元器件、比较环节组成，区别是半闭环伺服系统的反馈检测元器件是采用速度检测装置（角位移检测装置），该装置安装于电机或丝杆的端头，通过检测角位移，间接获得工作台的位移，如图 5-1-5 所示。

此外，按电气控制原理和伺服电机类型的不同，还可分为直流伺服系统和交流伺服系统。根据控制信号的不同形式，伺服系统可分为模拟控制和数字控制两种；按反馈比较控制方式不同，可分为脉冲比较伺服系统、相位比较伺服系统和幅值比较伺服系统。

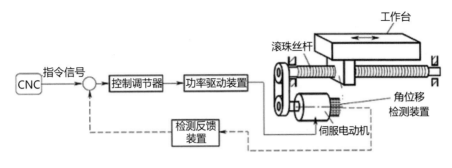

图 5-1-5 半闭环伺服系统

（四）伺服系统的发展概况

伺服系统从诞生到现在，已经经历了如下几个重要阶段。

20 世纪 50 年代，起初的数控机床主要采用液压驱动，称为液压伺服系统。这种系统的优点是刚性好，时间常数小。

20 世纪 60 年代，日本推出步进电机开环伺服驱动系统，这种系统结构简单，价格低廉，使用维修方便，在数控设备中被广泛应用。

20 世纪 70 年代，诞生了直流电机伺服系统，该系统采用闭环或半闭环控制，精度提高了一个数量级，调速范围可达 1:10000，运行速度提高到 15～24m/min。直流电机伺服系统的缺点是结构复杂，价格昂贵。

20 世纪 80 年代，FANUC 公司从 1982 年开始开发 PWM 交流伺服可控制系统，1983 年形成系列产品，先后推出了模拟量交流伺服、数字交流伺服 S 系列和全数字交流伺服系统 α 系列。交流伺服系统的出现逐渐取代了直流伺服驱动系统。

21 世纪初，FANUC 公司又成功开发出高速串行总线（FSSB）控制的全数字交流伺服系统 αi 系列和 βi 系列，实现了数控机床的高精度、高速度、高可靠性及节能性的控制。

二、进给伺服系统故障诊断与维修

当进给伺服系统出现故障时，通常有这样的表现方式，一是在 CRT 或操作面板上显示报警内容或报警信息；二是在进给伺服驱动单元上用报警灯或数码管显示驱动单元的故障；三是进给运动不正常，但无任何报警信息。

（一）进给伺服系统常见的故障

进给伺服系统常见的故障有超程、过载、爬行、振动和漂移等故障。

1. 超程

当进给运动超过由软件设定的软限位或由限位开关决定的硬限位时，就会发生超程报警，一般会在 CRT 上显示报警内容。产生原因常见有以下三种：（1）编程不当，当工件坐标系没设定或没调用刀补，应运行如 G00X100.Y100，容易出现起程；（2）操作不当，如在 JOG 方式回参考点，对刀错误，刀补值设定错误，刀架离参考点太近就进行手动反回参考点容易出现超程；（3）出现减速开关失灵、参数设置不合理等造成回不到参考点故障也会出现超程。根据数控说明书，即可排除故障，解除报警。

2. 过载

当进给运动的负载过大、频繁正反向运动以及进给传动链润滑状态不良时，均会引起过载报警。一般会在 CRT 上显示伺服电动机过载、过热或过流等报警信息。同时，在强电柜中的进给驱动单元上，用指示灯或数码管提示驱动单元过载、过电流等信息。

3. 窜动

在进给时出现窜动现象，可能的原因如下：
（1）测速信号不稳定。如测速装置故障、测速反馈信号干扰等。
（2）速度控制信号不稳定或受到干扰。
（3）接线端子接触不良，如螺钉松动等。当窜动发生在由正向运动向反向运动的瞬间，一般是由进给传动链的反向间隙或伺服系统增益过大所致。

4. 爬行

发生在启动加速段或低速进给时，一般是由进给传动链的润滑状态不良、伺服系统增益过低及外加负载过大等因素所致。尤其要注意的是，伺服电动机和滚珠丝杠连接用的联轴器，由于连接松动或联轴器本身的缺陷，如裂纹等，造成滚珠丝杠转动和伺服电动机的转动不同步，从而使进给运动忽快忽慢，产生爬行现象。

5. 振动

机床以高速运行时，可能产生振动，这时就会出现过流报警。机床振动问题一般属于速度问题，所以就应去查找速度环；而机床速度的整个调节过程是由速度调节器来完成的，即凡是与速度有关的问题，应该去查找速度调节器，因此振动问题应查找速度调节器。主要从给定信号、反馈信号及速度调节器本身这三方面去查找故障。

6. 伺服电动机不转

数控系统至进给驱动单元除了速度控制信号外，还有使能控制信号，一般为 DC+24V 继电器线圈电压。当伺服电动机不转时，需要检查以下项目：
（1）检查数控系统是否有速度控制信号输出。
（2）检查使能信号是否接通。通过 CRT 观察 I/O 状态，分析机床 PLC 梯形图（或流程图），以确定进给轴的启动条件，如润滑、冷却等是否满足。
（3）对带电磁制动的伺服电动机，应检查电磁制动是否释放。
（4）进给驱动单元故障。
（5）伺服电动机故障。

7. 位置误差

当伺服轴运动超过位置允差范围时，数控系统就会产生位置误差过大的报警，包括跟随误差、轮廓误差和定位误差。

主要原因：
（1）系统设定的允差范围过小。
（2）伺服系统增益设置不当。
（3）位置检测装置有污染。
（4）进给传动链累积误差过大。
（5）主轴箱垂直运动时平衡装置（如平衡油缸等）不稳。

8. 漂移

当指令值为零时，坐标轴仍移动，从而造成位置误差。通过漂移补偿和驱动单元上的零速调速来消除。

9. 回参考点故障

常见回参考点故障及排除方法如下：

（1）导致 TGLS 指示灯亮，可能的故障原因如下。

1）作为速度反馈部件（如测速发电机或脉冲编码器）的测量信号线断线或连接不良。

2）电动机的电枢线断线或连接不良。

（2）导致 OVC 指示灯亮，可能的故障原因如下。

1）过电流设定不当：检查速度控制单元上的过电流设定电位器 RV_3 的设定是否正确。

2）电动机负载过重：应改变切削条件或机械负荷，检查机械传动系统与进给系统的安装与连接。

3）电动机运动有振动：应检查机械传动系统、进给系统的安装与连接是否可靠，测速机是否存在不良。

4）负载惯量过大。

5）位置环增益过高：应检查伺服系统的参数设定与调整是否正确、合理。

6）交流输入电压过低：应检查电源电压是否满足规定的要求。

三、主轴伺服系统的故障诊断与维护

主轴驱动系统就是在系统中完成主运动的动力装置部分。它带动工件或刀具作相应的旋转运动，从而能配合进给运动，加工出理想的零件。

主轴驱动变速目前主要有两种形式：一是主轴电动机齿轮换档，目的在于降低主轴转速，增大传动比，放大主轴功率以适应切削的需要；二是主轴电动机通过同步齿形带或皮带驱动主轴，该类主轴电动机又称宽域电机或强切削电动机，具有恒功率宽的特点。由于无需机械变速，主轴箱内省却了齿轮和离合器，主轴箱实际上成了主轴支架，简化了主传动系统，从而提高了传动链的可靠性。

当主轴伺服系统发生故障时，通常有三种表现形式：一是在 CRT 或操作面板上显示报警信息或报警内容；二是在主轴驱动装置上用警报灯数码管显示主轴驱动装置的故障；三是主轴工作不正常，但无任何报警信息，主轴伺服系统常见的故障有以下几种。

1. 外界干扰

故障现象：主轴在运转过程中出现随机和无规律性的振动或转动。

原因分析：主轴速度指令信号或反馈信号受到电磁波、供电线路或信号传输干扰而出现误动作。

检查方法：令主轴转速指令为零，观察主轴是否有往复摆动，或通过调整零速平衡和漂移补偿看故障能否消除。

2. 过载

故障现象：主轴电动机过热、主轴驱动装置显示过电流报警等。

原因分析：切削用量过大，主轴频繁正、反转，主轴润滑不良造成轴承咬死或轴承预紧力过大、电动机冷却系统不良或内置温控元器件失效、动力连线接触不良等，主轴伺服系统和CNC装置通过检测，显示过载报警。

检查方法：采用常规检查法针对上述部位逐一进行检查。

采取措施：保持主轴电机通风系统良好，保持过滤网清洁；检查动力线接线端子接触情况，按设备操作规程正确合理操作和维护保养设备。

3. 主轴定位抖动

故障现象：主轴在准停时发生抖动。

原因分析：产生原因因实现准停的方式不同而异，主轴准停有以下三种实现方式。

（1）机械准停控制，定位抖动多为定位机械执行机构不到位，定位盘松动或有间隙引起。

（2）磁性传感器的电气准停控制，定位抖动多为传感器和发磁体之间间隙发生变化或传感器失灵引起。

（3）编码器型的准停控制，由于编码器的污染引起灵敏度下降或连接松动也会造成定位抖动，此外主轴定位有一个减速过程。如果减速或增益系数设置不当，会引起主轴定位抖动。

检查方法：根据定位方式不同，主要检查各定位、减速检测元器件的工作状况和安装固定情况，核对减速或增益系数设置值等。

采取措施：保证定位元器件运转灵活，检测元器件稳定可靠。

4. 主轴转速与进给不匹配

故障现象：当进行螺纹切削或用每转进给指令切削时，会出现停止进给，主轴仍继续运转的故障或加工螺纹出现乱牙现象。

原因分析：进行螺纹加工要求主轴与进给严格保持主轴转一圈刀具进给一个螺纹导程的关系，而这必须依靠主轴上的脉冲编码器进行检测反馈信息。若编码器或连接电缆有问题，会引起上述故障。

检查方法：（1）CRT画面有报警显示；（2）通过CRT调用机床数据或I/O状态，观察编码器的信号线的通断状态；（3）取消主轴与进给的同步配合，即用每分钟进给指令代替每转进给来执行程序，观察故障是否消失。

采取措施：更换、维修编码器，检查电缆接线情况及编码器安装是否松动，特别注意信号线的防干扰措施。

5. 转速偏离指令值

故障现象：主轴转速超过技术要求所规定的指令值范围。

原因分析：

（1）电动机负载过大引起转速降低或低速极限值设定太小，造成主轴电机过载。

（2）CNC 系统输出的主轴转速模拟量（通常为 0 ～ +10V）没有达到与转速指令对应的值。

（3）测速装置有故障或速度反馈信号断线。

（4）主轴驱动装置故障，导致速度控制单元错误输出。

检查方法：

（1）空载运转主轴，检测比较实际转速值与指令值，判断故障是否由负载过大引起。

（2）检查速度反馈装置及电缆，调节速度反馈量的大小，使实际主轴转速达到指令值。

（3）检查信号电缆的连接情况，调整有关参数使 CNC 系统输出的模拟量与转速指令值相对应。

采取措施：更换、维修损坏的部件、调整的有关参数。

6. 主轴异常噪声及振动

原因分析：首先要区别异常噪声及振动发生在主轴机械部分，还是在电气驱动部分。

（1）在减速过程中发生一般是由驱动装置造成的，如交流驱动中的再生回路故障。

（2）在恒转速时产生，可通过观察主轴电动机自由停车过程中是否有噪音和振动的来区别，如存在，则主轴机械部分有问题。

检查方法：检查振动周期是否与转速有关。如无关，一般是主轴驱动装置未调整好；如有关，应检查主轴机械部分是否良好，测速装置是否不良。

7. 主轴电动机不转

原因分析：CNC 系统至主轴驱动装置除了转速模拟量控制信号外，还有使能控制信号，一般为 DC+24V 继电器线圈电压；主轴驱动装置故障；主轴电动机故障。

检查方法：检查 CNC 系统是否有速度控制信号输出；检查能使信号是否接通。通过 CRT 观察 I/O 状态，分析机床 PLC 图形（或流程图），以确定主轴的启动条件，如润滑、冷却等是否满足。

拓展知识

一、进给伺服系统的常见故障及诊断实例

实例 1： 6SC 610 驱动器过电流报警的维修

故障现象：某配套 SIEMENS 810M 系统、6SC610 伺服驱动器的立式加工中心，在自

动运行过程中，出现 Y 轴驱动器过电流报警，驱动器 V_4 灯亮。

分析与处理过程：驱动器出现过电流的原因很多，机械传动系统的安装、调整不良，切削力过大，驱动器设定调节不良，伺服电动机不良等都可能引起驱动器的过电流。但在本机床上，当自动运行时，出现以上故障后，再次开机，故障依然存在，因此可以排除切削引起的过电流。

为了尽快确定故障部位，维修时通过更换驱动器的调节器板、功率板进行了试验，发现故障依然存在于 Y 轴，从而确定故障是由于 Y 轴伺服电动机或电动机与驱动器的连接不良引起的。

仔细检查 Y 轴连接电缆，发现由于机床工作台运动时，拉动了 Y 轴反馈电缆，使得 Y 轴的测速反馈线出现了连接松动引起的报警；重新连接测速电缆后，故障排除。

实例 2：

一台配套某系统的加工中心，进给加工过程中，发现 X 轴有振动现象。

分析与处理过程：加工过程中坐标轴出现振动、爬行现象与多种原因有关，故障可能是机械传动系统的原因，亦可能是伺服进给系统的调整与设定不当等。

维修时通过互换法，确认故障原因出在直流伺服电动机上。卸下 X 轴电动机，经检查发现 6 个电刷中有 2 个的弹簧已经烧断，造成了电枢电流不平衡，使电动机输出转矩不平衡。另外，发现电动机的轴承亦有损坏，故而引起 Y 轴的振动与过电流。更换电动机轴承与电刷后，机床恢复正常。

实例 3：

配套某系统的加工中心，在长期使用后，手动操作 Z 轴时有振动和异常响声，并出现移动过程中"Z 轴误差过大"报警。

分析与处理过程：利用手动转动机床 Z 轴，发现丝杠转动困难，丝杠的轴承发热。经仔细检查，发现 Z 轴导轨无润滑，造成 Z 轴摩擦阻力过大；重新修理 Z 轴润滑系统后，机床恢复正常。

二、主轴伺服系统的故障诊断与维护实例

实例 1：

某台数控车床通电起动后出现 750 报警，经多次断电通电起动都出现该报警。

故障分析：

CNC 开机时，如果串行主轴放大器（SPM）没有达到正常的起动状态，发生此报警。此报警不是在 CNC 系统（带有主轴放大器）正常起动后发生的，是在电源接通过程中发生故障时引发的。

可能的原因包括：

1）接触不良、接线不良，或电缆的连接错误。

2）CNC 开机时主轴放大器处于报警状态。

3）参数设定错误。
4）CNC 的印刷电路板故障。
5）主轴放大器故障。

处理方法：

根据维修手册说明，首先检查光缆的连接和走向，尽量避免外部电磁干扰。经过重新插接后，再通电起动，未出现 750 报警。

实例 2：

某台数控车床主轴有转速，但 LCD 速度无显示。

故障分析：LCD 上的速度显示是根据主轴编码器的反馈信号计算并显示的。

可能的原因包括：

1）主轴编码器损坏。
2）主轴编码器电缆脱落或断线。
3）系统参数设置不正确。
4）编码器反馈接口不对或者没有选择主轴控制的有关功能。

处理方法：

由于该机床已正常使用一段时间，故重点针对前两项可能的原因进行检查。经检查，是主轴编码器的接头松脱所致。

实例 3：

故障现象：外观表现为伺服电机发热，即使不加工伺服电机的温度也很高，电机表面温度高于 60℃，甚至烫手。有时在切削、坐标轴减速制动、坐标换向时出现伺服电机过流报警。

分析与处理过程：

上述各种迹象表明，伺服驱动器长时间提供给伺服电机高于额定值的电流。要区分出故障的原因是机械的问题，还是伺服电机的问题，最准确的方法是将伺服电机与丝杠的机械连接断开。连轴节断开后可能出现两种情况：

1）如果断开后伺服电机仍然发热或出现过载报警,则说明伺服电机内部机械部件故障,比如轴承损坏。这时需要维修或更换新的伺服电机。但是这种情况往往说明了数控机床的设计或者装配存在问题。因为伺服电机轴承损坏的原因是伺服电机安装造成的径向力超过了伺服电机运行允许的指标。假只是更换了伺服电机，但是没有采取措施解决径向力超标的问题。同样的故障仍有可能发生。

2）如果伺服电机与丝杠的连接断开后，伺服电机的温度下降至正常，且过载报警消失，则说明是传动系统的机械故障，这时应检查传动系统。

如果这样的故障发生在数控机床的设计调试阶段，还有一种可能的原因，就是伺服电机选择错误，伺服电机的输出转矩不能满足传动系统的需要。

实例 4：

故障现象：配套 FANUC 0i 系统的数控磨床，开机后出现 401 号报警。

分析与处理过程：FANUC 0i 数控系统的 401 号报警属于数字伺服报警，该报警的含义为"X、Z 轴伺服放大器未准备好"。如果一个伺服放大器的伺服准备信号（VRDY）没有接通，或者在运行中信号中断，发生此报警。遇到此报警通常作如下检查：首先查看伺服放大器的 LED 有无显示，若有显示，则故障原因有以下 3 种可能：

（1）伺服放大器至电源模块之间的电缆断线；（2）伺服放大器出故障；（3）基板出故障。

一、任务描述

任务一　FANUC - βi（SVPM）系列伺服系统硬件连接

现有 FANUC 0i-mate C 数控系统数控机床，其 CNC 装置（控制器）如图 4-2-3 FANUC 0i-C 控制器接口位置图所示，该系统采用的是带主轴的 FANUC βi 系列多轴型一体（SVPM）型号伺服放大器，其接口位置图如图 5-1-6 所示，其接口功能见表 5-1-1。请完成该系列伺服系统各硬件间的连接。

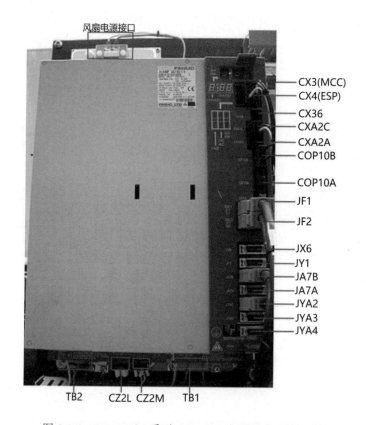

图 5-1-6　FANUC βi 系列（SVPM）伺服放大器接口位置

表 5-1-1　FANUC βi 系列伺服放大器主要接口功能表

接口号	功能
CX3	连接电磁接触器
CX4	连接急停控制继电器的动合触点
CX2C	24V 电源连接（A1：24V，A2：0V），必须用稳压电源，不可与电动机的 24V 电源共用
COP10B	连接 CNC 装置的 FSSB 高速串行总线
JF1/2/3	伺服电动机位置反馈接口
JYA2/JYA3/JYA4	JYA2 连接轴传感器；JYA3 连接位置编码器；JYA4 为主轴传感器备用接口
JY1	连接负载表、速度表
JA7B/JA7A	JA7B 为连接 CNC 装置的 JA41 接口；JA7A 连接第二主轴
TB1/TB2	TB1 为三相 AC200V 接入端；TB2 为输出端，连接到主轴电机。二者不可接反
CZ2L/CZ2M	CZ2L 连接第一轴，CZ2M 连接第二轴，CZ2N 连接第三轴

任务二　FANUC -αi 系列伺服系统硬件连接

现有 FANUC 0i- C 数控系统数控机床，其 CNC 装置（控制器）参见图 4-2-3 FANUC 0i-C 控制器接口位置图所示，该系统采用的是 FANUC αi 系列伺服放大器，其接口位置如图 5-1-7 所示，其接口功能见表 5-1-2。请完成该系列伺服系统各硬件间的连接。

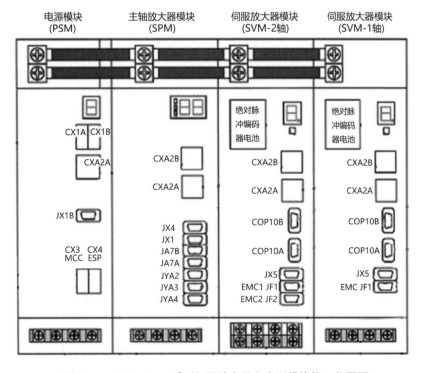

图 5-1-7　FANUC -αi 系列伺服放大器和电源模块接口位置图

表 5-1-2 FANUC-αi 系列伺服放大器主要接口功能表

接口号	功能
CX1A/CX1B	200V 交流控制电路的电源输入／输出接口
CX2A/CX2B	24V 输入／输出及急停信号接口
JX4	主轴伺服信号检测板接口
JX1A/JX1B	模块之间信息输入／输出接口
JY1	外接主轴负载表和速度表的接口
JA7B	串行主轴输入信号接口连接器
JA7A	用于连接第二串行主轴的信号输出接口
JY2	连接主轴电动机速度传感器（主轴电机内装脉冲发生器和电机过热信号）
JY3	作为主轴位置一转信号接口
JY4	主轴独立编码器连接器（光电编码器）
JY5	主轴 CS 轴（回转轴）控制时，作为反馈信号接口
U、V、W	主轴电动机的动力电源接口

二、实施准备

1. 劳保用品佩戴：工作服、劳保鞋、安全帽、手套等。
2. 设备准备：FANUC 0i-C 数控系统。
3. 工具准备：请按照图 5-1-2 所示准备好以下工具。

表 5-1-2 工具准备

名称	规格	数量	备注
压线钳		1 套	
剥线钳		1 套	
旋具	一字形／十字形	各一套	
弓锯		1 套	
手电钻		1 套	
丝锥		1 套	
万用表		1 个	

三、实施过程

任务一 FANUC-βi（SVPM）系列伺服系统硬件连接

1. 整体线路连接

FANUC-βi（SVPM）系列伺服系统硬件整体连接如图 5-1-7 所示。

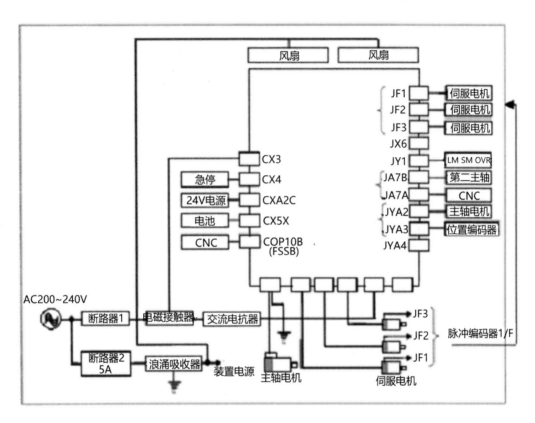

图 5-1-7 FANUC-βi（SVPM）系列伺服系统整体线路连接

2. 伺服系统与 CNC 装置的连接

伺服系统与 CNC 装置（控制器）间的硬件较为简单，只需将伺服放大器的 COP10B 接口连接到 CNC 控制器的 COP10A 接口上即可。FANUC 公司生产的 αi 系列和 βi 系列伺服系统属于全数字交流伺服系统，此类伺服系统与 CNC 装置的数据通信都是通过高速串行总线（FSSB）控制的。

3. 主轴电机的连接

在 FANUC βi 系列伺服系统采用的主轴电机可以是 βi 系列交流主轴电动机，也可以是 βiS 系列交流主轴电动机。电动机上有动力线接口和反馈线接口。

（1）动力线的连接。将主轴电动机的动力线连接到伺服放大器 TB2 接口，伺服电机动力线是插头，用户要将插针连接到线上，然后将插针插到插座上。注意U、V、W顺序不能接错。

（2）反馈线的连接。将主轴电动机的反馈线连接到伺服放大器的JYA2接口。

若使用的是串行主轴，需将第二主轴连到伺服放大器的JA7A，然后将伺服放大器的JA7B接口连接到CNC控制器的JA41接口上，如图5-1-8所示。若使用的是模拟主轴，则需将模拟主轴接口接入CNC控制器的JA40模拟主轴接口上。

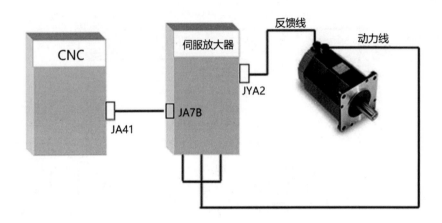

图5-1-8　主轴电机的连接

4. 进给伺服系统电机的连接

进给伺服系统电动机的动力线接口位于FANUC-βi（SVPM）系列伺服底部中间位置，分别为CZ2L（第一轴）、CZ2M（第二轴）、CZ2N（第三轴），三个伺服电机的动力线插头是有区别的，分别对应为XX、XY、YY。连接时将对应轴电动机的动力电缆线连接到对应轴接口上。然后分别将该电动机的反馈线连接到伺服放大器的JF1、JF2和JF3接口上即可。

5. 其他连接说明

（1）24V电源连接到伺服放大器的CXA2C接口，注意不要接反（A1-24V，A2-0V）。

（2）上部的两个冷却风扇要自己接外部200V电源。

（3）急停连接到伺服放大器的CX4接口。

（4）TB1接口为主回路电压输入口，TB1与TB2接口不能调换使用。TB3不要接线。

任务二　FANUC-αi系列伺服系统硬件连接

1. 整体线路连接

FANUC-αi系列伺服系统硬件整体连接如图5-1-9所示。

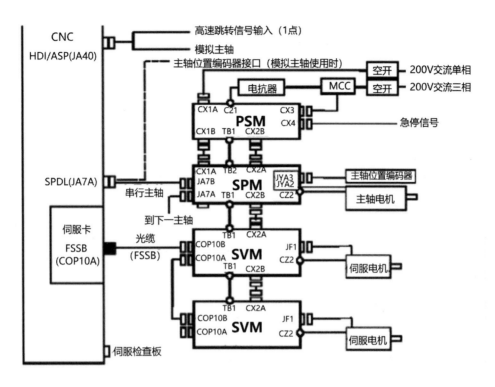

图 5-1-9　FANUC -αi 系列伺服系统硬件整体连接

2. 伺服系统与 CNC 装置的连接

将伺服放大器伺服模块（SVM-2 轴）的 COP10B 连接到 CNC 控制器的 COP10A 上。

3. 主轴电机的连接

若使用的是串行主轴，则将串行主轴放大器模块（SPM）的 JA7B 连接到 CNC 控制器的 JA7A 接口上，然后将主轴电机的动力线连接到 SPM 模块的 CZ2 接口上，反馈线连接到 JYA2 接口上。若有第二主轴，则将第二主轴放大器模块的 JA7B 接口连接到第一主轴放大器模块的 JA7A 接口。主轴放大器模块 SPM 的 JYA3 连接主轴位置编码器。

4. 伺服电机的连接

将伺服电动机动力线连接上伺服放大器模块的 CZ2 接口，反馈线连接到 JF1 接口。

5. 其他连接说明

（1）PSM（电源模块），SPM（主轴放大器模块），SVM（伺服模块）之间的短接片（TB1）是连接主回路的直流 300V 电压用的连接线，一定要拧紧。如果没有拧的足够紧，轻则产生报警，重则烧坏电源模块（PSM）和主轴模块（SPM）。

（2）PSM 的控制电源输入端 CX1A 的 1，2 接 200V 输入，3 为地线。

（3）伺服电机动力线和反馈线都带有屏蔽，一定要将屏蔽做接地处理，并且信号线和动力线要分开接地,以免由于干扰产生报警。

(4)对于 PSM 的 MCC(CX3)一定不能接错,CX3 的 1,3 之间只是一个内部触点。如果错接成 200V,将会烧坏 PSM 控制板。

四、实施任务书和报告书

项目任务书

姓名		任务名称	
指导老师		小组成员	
课时		实施地点	
时间		备注	
任务内容	1. FANUC -βi(SVPM)系列伺服系统硬件连接。 2. FANUC -αi 系列伺服系统硬件连接。			
考核项目	1. FANUC -βi(SVPM)系列伺服系统硬件连接			
	2. FANUC -αi 系列伺服系统硬件连接			

项目任务报告

姓名		任务名称	
班级		小组成员	
完成日期		分工内容	
报告内容			

1. FANUC-βi（SVPM）系列伺服系统硬件连接

2. FANUC-αi 系列伺服系统硬件连接

项目 5-2　数控机床伺服系统位置检测装置故障诊断与维修

位置检测装置是构成闭（半闭）环伺服系统重要的元器件，位置检测装置一旦出现故障，将直接影响数控机床的加工精度，甚至使机床不能正常使用。因此，作为数控机床维修技术人员，需熟悉掌握好数控机床常用的位置检测装置及其故障排除方法。

一、位置检测装置概述

（一）检测元器件

检测元器件是检测装置的重要部件，其主要作用是检测位移和速度，发送反馈信号。位移检测系统能够测量的最小位移量称为分辨率。分辨率不仅取决于检测元器件本身，也取决于测量电路。

数控机床对检测元器件的主要要求是：

（1）寿命长，可靠性高，抗干扰能力强。
（2）满足精度和速度要求。
（3）使用维护方便，适合机床运行环境。
（4）成本低。
（5）便于与计算机联接。

（二）位置检测装置

位置检测装置是数控机床伺服系统的重要组成部分。它的作用是检测位移和速度，发送反馈信号，构成闭环或半闭环控制。数控机床的加工精度主要由检测系统的精度决定。不同类型的数控机床，对位置检测元器件，检测系统的精度要求和被测部件的最高移动速度各不相同。现在检测元器件与系统的最高水平是：被测部件的最高移动速度高至 240m/min 时，其检测位移的分辨率（能检测的最小位移量）可达 1μm，如 24m/min 时可达 0.1μm。最高分辨率可达到 0.01μm。

数控机床对位置检测装置有如下要求：

（1）受温度、湿度的影响小，工作可靠，能长期保持精度，抗干扰能力强。
（2）在机床执行部件移动范围内，能满足精度和速度的要求。
（3）使用维护方便，适应机床工作环境。
（4）成本低。

二、位置检测装置的分类

对于不同类型的数控机床，因工作条件和检测要求不同，可采用不同的检测方式。

1. 增量式和绝对式测量

增量式检测方式只测量位移增量，并用数字脉冲的个数来表示单位位移（即最小设定单位）的数量，每移动一个测量单位就发出一个测量信号。其优点是检测装置比较简单，任何一个测量点都可以作为测量起点。但在此系统中，位移是靠对测量信号累积后读出的，一旦累计有误，此后的测量结果将全错。另外在发生故障时（如断电）不能找到事故前的正确位置，事故排除后，必须将工作台移至起点重新计数才能找到事故前的正确位置。

2. 数字式和模拟式测量

（1）数字式检测是将被测量单位量化以后以数字形式表示。测量信号一般为电脉冲，可以直接把它送到数控系统进行比较、处理。这样的检测装置有脉冲编码器、光栅。数字式检测有以下 3 个特点。

1）被测量转换成脉冲个数，便于显示和处理。
2）测量精度取决于测量单位，与量程基本无关，但存在累计误差。
3）检测装置比较简单，脉冲信号抗干扰能力强。

（2）模拟式检测是将被测量用连续变量来表示，如电压的幅值变化，相位变化等。在大量程内做精确的模拟式检测时，对技术有较高要求，数控机床中模拟式检测主要用于小量程测量。模拟式检测装置有测速发电机、旋转变压器、感应同步器和磁尺等。模拟式检测的主要特点有以下几个。

1）直接对被测量进行检测，无需量化。
2）在小量程内可实现高精度测量。
3）能进行直接检测和间接检测。

位置检测装置安装在执行部件（即末端件）上直接测量执行部件末端件的直线位移或角位移，都可以称为直接测量，可以构成闭环进给伺服系统，测量方式有直线光栅、直线感应同步器、磁栅、激光干涉仪等测量执行部件的直线位移；由于此种检测方式是采用直线型检测装置对机床的直线位移进行的测量。其优点是直接反映工作台的直线位移量。缺点是要求检测装置与行程等长，对大型的机床来说，这是一个很大的限制。除了以上位置检测装置，伺服系统中往往还包括检测速度的元器件，用以检测和调节电动机的转速。常用的测速元器件是测速发动机。

三、常用位置检测元器件

（一）光栅

光栅利用光的透射、衍射原埋，通过光敏元器件测量莫尔条纹移动的数量来测量机床工作台的位移量。一般用于机床数控系统的闭环控制。

光栅主要由标尺光栅和光栅读数头两部分组成。通常，标尺光栅固定在机床运动部件上（如工作台或丝杠上），光栅读数头产生相对移动。透射光栅的工作原理和透射光栅测量系统原理如图 5-2-1 所示，它由光源、透镜、标尺光栅、指示光栅、光敏元器件和信号处理电路组成。信号处理电路又包括放大、整型和鉴向倍频等。通常情况下，标尺光栅与工作台装在一起随工作台移动外，光源、透镜、指示光栅、光敏元器件和信号处理电路均装在一个壳体内，做成一个单独部件固定在机床上，这个部件称为光栅读数头，其作用是将光信号转换成所需的电脉冲信号。

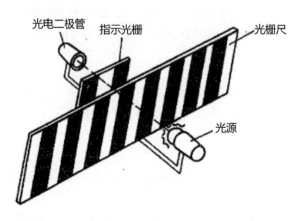

图 5-2-1　光栅工作原理图

光栅读数是利用莫尔条纹的形成原理进行的。图 5-2-2 所示是莫尔条纹形成原理图。将指示光栅和标尺光栅叠合在一起，中间保留 0.01～0.1mm 的间隙，并且指示光栅和标尺光栅的线纹相互交叉保持一个很小的夹角 θ。当光源照射光栅时，在 a-a 线上，两块光栅的线纹彼此重合，形成一条横向透光亮带；在 b-b 线上，两块光栅的线纹彼此错开，形成一条不透光的暗带。这些横向明暗相间出现的亮带和暗带就是莫尔条纹。直线光栅尺外观如图 5-2-3 所示。

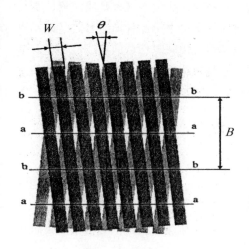

图 5-2-2　莫尔条纹

图 5-2-3　直线光栅尺

两条暗带或两条亮带之间的距离叫莫尔条纹的间距 B，设光栅的栅距为 W，两光栅线纹夹角为 θ，则它们之间的几何关系为：

$$B = \frac{W}{2\sin(\theta/2)}$$

因为夹角 θ 很小，所以可取 $\sin(\theta/2) \approx \theta/2$，故上式可改写成：

$$B = \frac{W}{\theta}$$

由上式可见，θ 越小，则 B 越大，相当于把栅距 W 扩大了 $1/\theta$ 倍后，转化为莫尔条纹。例如：栅距 W=0.01mm，夹角 θ=0.001rad，则莫尔条纹的间距 B 等 10mm，扩大了 1000 倍。

两块光栅每相对移动一个栅距，则光栅某一固定点的光强按明—暗—明规律变化一个周期，即莫尔条纹移动一个莫尔条纹的间距。因此，光电元器件只要读出移动的莫尔条纹数目，就可以知道光栅移动了多少栅距，也就知道了运动部件的准确位移量。

（二）光电脉冲编码器

图 5-2-4 为增量式光点编码器工作原理示意图。在一个圆盘的圆周上刻有等间距线纹，分为透明和不透明的部分，称为圆光栅。圆光栅与工作轴一起旋转。与圆光栅相对，平行放置一个固定的扇形薄片，称为指示光狭缝（每转发出一个脉冲）。脉冲发生器通过十字连接头或键与伺服电动机相连。

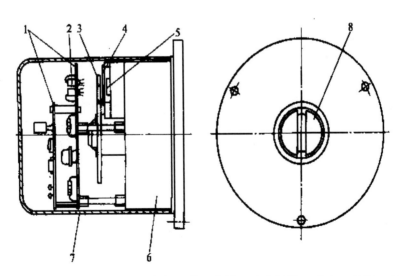

1- 印刷电路板 2- 光源 3- 圆光栅 4- 指示光栅 5- 光电池组 6- 底座 7- 护罩 8- 轴

图 5-2-4 增量式光电编码器结构示意图

当圆光栅与工作轴 起转动时，光线透过两个光栅的线纹部分，形成明暗相间的条纹。光电元器件接受这些明暗相间的光信号，并转换为交替变换的电信号。该电信号为两组近似于正弦波的电流信号 A 和 B，如图 5-2-5 所示。A 和 B 信号相位相差 90°，经放大和整形变成方形波,将该信号送入鉴相电路,即可判断圆光栅的旋转方向。通过两个光栅的信号,还有一个"每转脉冲",称为 Z 相脉冲,该脉冲也是通过上述处理得来的。Z 脉冲用来产生机床的基准点。后来的脉冲被送到计数器,根据脉冲的数目和频率可测出工作轴的转角及转速。其分辨率取决于圆光栅的圈数和测量线路的细分倍数。

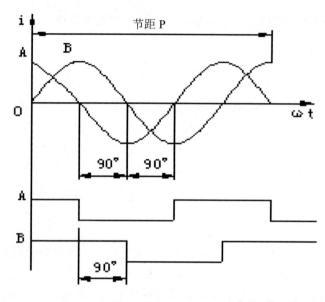

图 5-2-5 脉冲编码器输出波形

(三)旋转变压器

旋转变压器又称分解器,是一种控制用的微电机,它将机械转角变换成与该转角呈某一函数关系的电信号的一种间接测量装置。在结构上与二相线绕式异步电动机相似,由定子和转子组成。定子绕组为变压器的原边,转子绕组为变压器的副边。激磁电压接到转子绕组上,感应电动势由定子绕组输出。常用的激磁频率为 400Hz,500Hz,1000Hz 和 5000Hz。旋转变压器结构简单,动作灵敏,对环境无特殊要求,维护方便,输出信号幅度大,抗干扰性强,工作可靠。因此,在数控机床上广泛应用。

(四)磁尺

磁尺又称为磁栅,是一种计算磁波数目的位置检测元器件。可用于直线和转角的测量,其优点是精度高、复制简单及安装方便等,且具有较好的稳定性,常用在油污、粉尘较多的场合。因此,在数控机床、精密机床和各种测量机上得到了广泛使用。磁尺由磁性标尺、磁头和检测电路组成,其结构如图 5-2-6 所示。磁性标尺是在非导磁材料的基体上,采用涂敷、化学沉积或电镀上一层很薄的磁性材料,然后用录磁的方法使敷层磁化成相等节距周期变化的磁化信号。磁化信号可以是脉冲,也可以为正弦波或饱和磁波。磁化信号的节距(或周期)一般有 0.05mm,0.10mm,0.20mm 和 1mm 等几种。

磁头是进行磁-电转换的器件,它把反映位置的磁信号检测出来,并转换成电信号输送给检测电路。磁尺是利用录磁原理工作的。先用录磁磁头将按一定周期变化的方波、正弦波或电脉冲信号录制在磁性标尺上,作为测量基准。检测时,用磁头将磁性标尺上的磁信号转化成电信号,再送到检测电路中去,把磁头相对于磁性标尺的位移量用数字显示出来,并传输给数控系统。

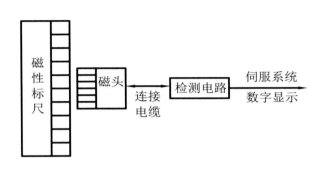

图 5-2-6　磁尺结构与工作原理

四、位置检测系统安装及日常维护

1. 编码器安装使用注意事项

(1) 编码器属于高精度仪器,安装时严禁敲击和摔打碰撞,安装或使用不当会影响编码器的性能和使用寿命。

(2) 编码器与外部连接应避免刚性连接,而应采用联轴器、连接齿轮或同步带连接传动,避免因轴的窜动、跳动造成编码器轴和码盘的损坏。

(3) 安装时注意其允许的轴负载,不得超过极限负载。

(4) 注意不要超过编码器的极限转速,如超过极限转速时,电信号可能会丢失。

(5) 接线务必正确,错误接线可能会导致编码器内部电路损坏。

(6) 不要将编码器的输出线与动力等线绕在一起或同一管道传输,也不宜在配线盘附近使用,以防干扰。

2. 光栅尺的安装使用注意事项

(1) 光栅尺的安装位置尽可能靠近驱动轴线

大多数数控机床的线性坐标轴驱动系统一般都是运用精密滚珠丝杠副,理论上要求光栅尺尽量安装在靠近丝杠副轴线的位置上,这将使光栅尺的安装符合误差最小化的原则,即要求光栅尺安装位置靠近控制轴的工作基准面,靠得越近,形成的阿贝误差越小,光栅尺控制的位置精度越高,机床定位精度越好。但实践中由于受结构和空间的限制,光栅尺的安装方式只有两种:一种是安装在近丝杠副侧;另一种是安装在导轨外侧。为了取得最小的误差,推荐尽可能选取第一种安装方式。否则,如果安装在导轨外侧,即使是选择了高精度的光栅尺,也可能达不到数控机床所要求的精度。没有改善数控机床各线性坐标轴的控制，反而加剧了驱动物体的振动，导致了全闭环不如半闭环的奇特现象。由此看来，驱动物体驱动轴线的位置设计、光栅尺的安装位置和两条导轨的阻尼特性至关重要，必须引起机床设计师的高度重视，在设计机床时必须认真考虑各方面因素，势必取得良好的、满足设计要求的效果。

（2）光栅尺定尺、滑尺的安装面及滑尺支架具有足够刚性和强度

光栅尺安装位置要有足够刚性和强度也是保证光栅尺正常工作的关键环节。光栅尺是通过光电扫描原理来工作的，因此光栅尺不能处于强振动状态，振动引起光源不稳定影响光栅尺的控制精度。所以安装位置最好与机床的坚固铸件为一体，即使由于结构原因需用连接件，也须要求连接件与机体之间的整个结合而接触良好，连接刚性足，以防止结合与连接处产生薄弱环节引起强振动影响光栅尺的正常工作，最终导致加工中心定位精度的降低。

（3）光栅尺安装位置的防护非常重要

在现代机床中，用户一般都要求大流量冷却，而在大流量冲洗时，会有切削液飞溅到光栅尺上，光栅尺的工作环境也充满了潮湿、带有冷却喷雾的空气，在这种环境下光栅容易产生冷凝现象，扫描头上易结下一层薄膜。这样就会导致光栅尺的光线投射不佳，再加上光栅容易留下水迹，严重影响光栅的测量。如果加工后的切屑在光栅附近堆积造成排屑、排水不畅，会致使光栅尺浸泡在切削液和杂质中，从而影响到光栅的使用，更严重的会使光栅尺损坏，使整机处于瘫痪状态。

3. 感应同步器安装使用注意事项

感应同步器的定尺安装在机床的不动部件上；滑尺安装在机床的移动部件上。为防止切屑和油污浸入，一般在感应同步器上安装防护罩。

感应同步器安装时要注意定尺与滑尺之间的间隙，一般为 $(0.02 \sim 0.25)0.05$ mm。滑尺在移动过程中，由于晃动所引起的间隙变化也必须控制在 0.01 mm 之内。如果间隙过大，必将影响测量信号的灵敏度。

4. 检测器件日常维护保养

检测器件是一种极其精密和极易受损的器件，日常一定要及时对其进行正确的使用和维护保养，进行维护时应注意以下几个方面。

（1）额定电源电压一定要为额定值，工作环境温度不能超标，以便于系统各集成电路、电子元器件的正常工作。

（2）避免受到强烈振动和摩擦，以防损伤代码板。同时避免受到灰尘油污的污染，以免影响正常信号的输出。

（3）避免外部电源、噪声干扰，要保证屏蔽良好，以免影响反馈信号。

（4）要保证反馈连接线的阻容正常，以保证正常信号的传输。

（5）各元器件安装方式要正确，如编码器连接轴要同心对正，以保证其性能的正常。

拓展知识

位置检测系统故障维修实例

例1

FANUC 6ME 系统双面加工中心 X 向在运动的过程中产生振动,并且在 CRT 上出现 10.416 报警。

分析与处理:根据故障现象,分析引起故障的原因可能有以下几种。

(1)速度控制单元出现故障。

(2)位置检测电路不良。

(3)脉冲编码器反馈电缆的连线不良。

(4)脉冲编码器自身问题。

(5)伺服电机及测速机故障。

(6)机床数据是否出错。

针对上述分析出的原因,对速度控制单元、主电路板、脉冲编码器反馈电缆的连接和连线进行检查,发现一切正常,机床数据正常,然后将电动机与机械部分脱开,用手转动电动机,观察 713 号诊断状态,713 诊断内容为:713.3 为 X 轴脉冲编码器反馈信号,假如断线,此位为10,713.2 为 X 轴编码器反馈一转信号。713.1 为 X 轴脉冲编码器 B 相反馈信号。713.0 为 X 轴脉冲编码器 A 相反馈信号。713.2、713.1、713.0 正常时电动机转动应为"0""1"不断变化,在转动电动机时,发现 713.0 信号只为"0"不变"1",又用示波器检测脉冲编码器的 A 相、B 相和一转信号,发现 A 相信号不正常,因此通过上述检查可判定调轴脉冲编码器不良,经更换新编码器,故障解决。

例2

一台 SIEME(IS 880 卧式加工中心工作台)在旋转定位过程中出现故障。

分析与处理:根据故障报警内容,先拆下检测线路板和反馈电缆接头,用酒精清洗其灰尘和油污,启动工作台,故障没消除,随后又拆下检测工作台位置的脉冲编码器,发现里面布满了大量机械油,压缩空气能把进入编码器的灰尘吹出,起到清洁编码器的作用。这些机械油是由气路通气时,因压缩空气不洁净,由压缩空气带进来的。用汽油把这些油污洗干净,并进一步压缩空气,重新安装好编码器后,启动工作台,故障消除。

例3

某采用 FANUC OT 数控系统的数控车床,开机后,只要 Z 轴一移动,就出现剧烈振荡,CNC 无报警,机床无法正常工作。

分析与处理:经仔细观察、检查,发现该机床的 Z 轴在小范围(约 2.5 mm 以内)移动时,工作正常,运动平稳无振动,但一旦超过以上范围,机床即发生激烈振动。

根据这一现象分析，系统的位置控制部分以及伺服驱动器本身应无故障，初步判定故障在位置检测器件，即脉冲编码器上。

考虑到机床为半闭环结构，维修时通过更换电动机进行了确认，判定故障是由脉冲编码器的不良引起的。

为了深入了解引起故障的根本原因，维修时做了以下分析与试验：

（1）在伺服驱动器主回路断电的情况下，手动转动电动机轴，检查系统显示，发现无论电动机正转、反转，系统显示器上都能够正确显示实际位置值，表明位置编码器的A、B、A、B信号输出正确。

（2）由于本机床Z轴丝杠螺距为5 mm，只要Z轴移动2 mm左右即发生振动，因此，故障可能与电动机转子的实际位置有关，即脉冲编码器的转子位置检测信号C_1，C_2，C_4，C_8信号存在不良。

根据以上分析，考虑到Z轴可以正常移动2.5 mm左右，相当于电动机实际转动1800，因此，进一步判定故障的部位是转子位置检测信号中的C_8存在不良。

按照上例同样的方法，取下脉冲编码器后，根据编码器的连接要求将1/T、J/K接口接入DC 5 V电源，旋转编码器轴，利用万用表测量C_1、C_2、C_4、C_8发现C_8的状态无变化，确认了编码器的转子位置检测信号C_8存在故障。进一步检查发现，编码器内部的C_8输出驱动集成电路已经损坏；更换集成电路后，重新安装编码器，并按上例同样的方法调整转子角度后，机床恢复正常。

例 4

某FANUC 6M的卧式加工中心，在回参考点时发生"αiM091"报警。

分析及处理：FANUC 6M发生"αi_M091"的含义是"脉冲编码器同步出错"，在FANUC 6M中可能的原因有以下两个方面：

（1）编码器"零脉冲"不良。

（2）回参考点时位置跟随误差值小于128 f（mo）。

维修时对回参考点的跟随误差（诊断参数IXG1800）进行了检查，检查发现此值为200 Gm左右，达到了规定的值。进一步检查该机床的位置环增益为16.67s，回参考点速度设置为200 mm/min，属于正常范围，因此初步排除了参数设定的原因。可能的原因是脉冲编码器"零脉冲"不良。经测量，在电动机侧，编码器电源（5 V电压）只有+4.5V左右，但伺服单元上的+SV电压正确。因此，可能的原因是线路压降过大而导致的编码器电压过低。进一步检查发现，编码器连接电缆的+5V电源线中只有1根可靠连接，其余3根虚焊脱落，经重新连接后，机床恢复正常。

例 5

某FANUC 6M的立式加工中心，在更换编码器后，回参考点时出现参考点位置不稳定、定位精度差的故障。

分析及处理：原因分析过程同上例。经检查发现该机床有关参数设置均正确无误，编码器+SV电压正常，编码器全部线路焊接可靠，机床手轮及增量进给值均正确无误，故排除了参数设置与连接问题。

考虑到该编码器已进行更换，维修时，利用示波器对该编码器的零位脉冲进行了测量，最后检查出的原因是：编码器的"零脉冲"Z和输出端引脚与原编码器的插脚正好相反，使得编码器的"零脉冲"Z信号总是为"1"（只有在"零位"的瞬间为"0"）。因此，机床只要减速挡块放开，"零脉冲"就已经存在，参考点的定位精度完全决定于减速挡块的精度，从而导致了参考点位置不稳定，定位精度差的故障。经更换Z信号后，机床随即恢复了正常。

例6

某FANUC OT的数控车床，在工作过程发现加工工件的X向尺寸出现无规律的变化。

分析与处理：数控机床的加工尺寸不稳定通常与机械传动系统的安装、连接与精度，以及伺服进给系统的设定与调整有关。在本机床上利用百分表仔细测量X轴的定位精度，发现丝杠每移动一个螺距，X向的实际尺寸总是要增加几十微米，而且此误差不断积累。

根据以上现象分析，故障原因似乎与系统的"齿轮比"、参考计数器容量、编码器脉冲数等参数的设定有关，但经检查，以上参数的设定均正确无误，排除了参数设定不当引起故障的原因。为了进一步判定故障部位，维修时拆下X轴伺服电动机，并在电动机轴端通过画线作上标记，利用手动增量进给方式移动X轴，检查发现X轴每次增量移动一个螺距时，电动机轴转动均大于3600。同时，在以上检测过程中发现伺服电动机每次转动到某一固定的角度上时，均出现"突跳"现象，且在无"突跳"区域，运动距离与电动机轴转过的角度基本相符（无法精确测量，依靠观察确定）。

根据以上试验可以判定故障是由X轴的位置检测系统不良引起的，考虑到"突跳"仅在某一固定的角度产生，且在无"突跳"区域，运动距离与电动机轴转过的角度基本相符。因此，可以进一步确认故障与测量系统的电缆连接、系统的接口电路无关，原因是编码器本身的不良。

例7

某FANUC OT的数控车床，用户在加工过程中，发现X，G轴的实际移动尺寸与理论值不符。

分析与处理：由于本机床X，G轴工作正常，故障仅是移动的实际值与理论值不符，因此可以判定机床系统、驱动器等部件均无故障，引起问题的原因是机械传动系统的参数与控制系统的参数匹配不当。机械传动系统与控制系统匹配的参数在不同的系统中有所不同，通常有电子齿轮比、指令倍乘系数、检测倍乘系数、编码器脉冲数、丝杠螺距等。以上参数必须统一设定，才能保证系统的指令值与实际移动值相符。

在本机床中，通过检查系统设定参数发现，X，G轴伺服电动机的编码器脉冲数与系统设定不一致。在机床上，X，G轴的电动机的型号相同，但内装式编码器分别为每转2000脉冲与2500脉冲，而系统的设定值正好与此相反。

据了解，故障原因是用户在进行机床大修时，曾经拆下X，G轴伺服电动机进行清理，但安装时未注意到编码器的区别，从而引起了以上问题。对X，G电动机进行交换后，机床恢复正常工作。

一、任务描述

某一数控机床出现故障,经诊断该故障是由于检测元器件引起的,请根据对该数控机床的检测元器件故障进行诊断和排除。

二、实施准备

1. 劳保用品佩戴:工作服、劳保鞋、安全帽、手套等。
2. 设备准备:FANUC 0i-C 数控系统、广州数控机床 GSK-980TDc。
3. 工具准备:请按照 5-2-1 准备好以下工具。

表 5-2-1　工具准备

名称	规格	数量	备注
压线钳		1 套	
剥线钳		1 套	
旋具	一字形 /+ 字形	各一套	
弓锯		1 套	
手电钻		1 套	
丝锥		1 套	
万用表		1 个	

三、实施过程

当机床出现如下故障现象时,首先要考虑到是否是由检测器件的故障引起的,并正确分析查找故障部位。

1. 机械振荡(加 / 减速时)

引发此类故障的常见原因有:

(1)脉冲编码器出现故障,此时应重点检查速度检测单元上的反馈线端子上的电压是否在某几点电压下降,如有下降表明脉冲编码器不良,更换编码器。

(2)脉冲编码器十字联轴节可能损坏,导致轴转速与检测到的速度不同步,更换联轴节。

（3）测速发电机出现故障，修复，更换测速发电机。维修实践中，测速发电机电刷磨损、卡阻故障较多。应拆开测速发电机，小心将电刷拆下，在细砂纸上打磨几下，同时清扫换向器的污垢，再重新装好。

2. 机械运动异常快速（飞车）

检修此类故障，应在检查位置控制单元和速度控制单元工作情况的同时，还应重点检查：

（1）脉冲编码器接线是否错误，检查编码器接线是否为正反馈，A 相和 B 相是否接反。

（2）脉冲编码器联轴节是否损坏，如损坏更换联轴节。

（3）检查测速发电机端子是否接反和励磁信号线是否接错。

3. 主轴不能定向移动或定向移动不到位

检修此类故障，应在检查定向控制电路的设置调整、检查定向板、主轴控制印刷电路板调整的同时，检查位置检测器（编码器）是否不良，此时一般要测编码器的输出波形，通过判断输出波形是否正常来判断编码器的好坏（维修人员应注意在设备正常时测录编码器的正常输出波形，以便故障时查对）。

4. 坐标轴进给时振动

检修时应在检查电动机线圈是否短路，机械进给丝杠同电机的连接是否良好，检查整个伺服系统是否稳定的情况下，检查脉冲编码是否良好、联轴节联接是否平稳可靠、测速发电机是否可靠。

5. 出现 NC 错误报警

NC 报警中因程序错误，操作错误引起的报警。如 FAUNUC 6ME 系统的 NC 报警 090.091。出现 NC 报警，有可能是主电路故障和进给速度太低引起。同时，还有可能是：

（1）脉冲编码器不良。

（2）脉冲编码器电源电压太低（此时调整电源电压的 15V，使主电路板的 +5V 端子上的电压值在 4.95-5.10V 内）。

（3）没有输入脉冲编码器的一转信号而不能正常执行参考点返回。

6. 出现伺服系统报警

伺服系统故障时常出现如下的报警号：如 FAUNUC 6ME 系统的伺服报警：416、426、436、446、456。此时要注意检查：

（1）轴脉冲编码器反馈信号断线、短路和信号丢失，用示波器测 A 相、B 相一转信号，看其是否正常。

（2）编码器内部故障，造成信号无法正确接收，检查其受到污染、太脏、变形等。

四、实施项目任务书和报告书

1. 项目任务书

项目任务书

姓名		任务名称	
指导老师		小组成员	
课时		实施地点	
时间		备注	
任务内容			
检测元器件故障诊断与排除			
考核项目	1. 机械振荡		
	2. 主轴不能定向移动或定向移动不到位		
	3. 坐标轴进给时振动		
	4. 出现 NC 错误及伺服系统报警		

2. 项目任务报告

项目任务报告

姓名		任务名称	
班级		小组成员	
完成日期		分工内容	
报告内容			
1. 机械振荡			
2. 主轴不能定向移动或定向移动不到位			
3. 坐标轴进给时振动			
4. 出现 NC 错误及伺服系统报警			

教学评价

教学评价包括学生自评、学生互评和教师评价。

1. 学生自评

学生自评表　　　　　　　　　　　　年　月　日

姓名		模块名称	
项目名称		实际得分	标准分
计划与决策（20 分）			
是否考虑了安全和劳动保护措施			5
是否考虑了环保及文明使用设备			5
是否能在总体上把握学习进度			5
是否存在问题和具有解决问题的方案			5
实施过程（60 分）			
			15
			15
			15
			15
检查与评估（20 分）			
是否能如实填写项目任务报告			5
是否能认真描述困难、错误和修改内容			5
是否能如实对自己的工作情况进行评价			5
是否能及时总结存在的问题			5
合计总得分			100
困难所在：			
对自评人的评价：　□满意　　□较满意　　□一般　　□不满意			
改进内容：			
学生签名		教师签名	

2. 学生互评

学生互评表　　　　　　　年　月　日

学生姓名		模块名称	
项目名称		实际得分	标准分
计划与决策（20分）			
是否考虑了安全和劳动保护措施			5
是否考虑了环保及文明使用设备			5
是否能在总体上把握学习进度			5
是否存在问题和具有解决问题的方案			5
实施过程（60分）			
			15
			15
			15
			15
检查与评估（20分）			
是否能如实填写项目任务报告			5
是否能认真描述困难、错误和修改内容			5
是否能如实对自己的工作情况进行评价			5
是否能及时总结存在的问题			5
合计总得分			100
完成不好的内容： 完成好的内容：			
对自评人的评价：　□满意　　□较满意　　□一般　　□不满意			
改进内容：			
学生签名		测评人签名	

3. 教师评价

教师评价表　　　　　　　　　　年　月　日

学生姓名		模块名称	
项目名称		实际得分	标准分
计划与决策（20分）			
是否考虑了安全和劳动保护措施			5
是否考虑了环保及文明使用设备			5
是否能在总体上把握学习进度			5
是否存在问题和具有解决问题的方案			5
实施过程（60分）			
			15
			15
			15
			15
检查与评估（20分）			
是否能如实填写项目任务报告			5
是否能认真描述困难、错误和修改内容			5
是否能如实对自己的工作情况进行评价			5
是否能及时总结存在的问题			5
合计总得分			100
完成不好的内容： 完成好的内容：			
完成情况评价：　□很好　　□较好　　□好　　□一般			
教师评语：			
学生签名		教师签名	

 学后感言

_____
_____
_____
_____
_____
_____
_____ 。

 任务习题

1. 简述伺服系统的定义及其功能。
2. 伺服系统的基本组成结构有哪些?
3. 伺服系统都有哪些分类?
4. 伺服系统常见故障都有哪些?
5. 简述 FANUC -βi（SVPM）系列伺服系统的连接过程。
6. 简述 FANUC -αi 系列伺服系统的连接过程。
7. 什么是位置检测装置?
8. 位置检测装置都有什么分类?
9. 常见位置检测元器件有哪些?

模块六　数控系统数据备份恢复

本模块将重点介绍数控系统参数被份与恢复、使用 CF 卡在 CNC 数据进行输入、输出等基础知识，同时以 FANCU 数控系统和 GSK 数控系统为例进行介绍数控系统数据备份与恢复方法，让同学们掌握数控系统参数特点、类型，已经掌握使用 CF 卡在 CNC 数据进行输入、输出的操作技能。

【知识目标】

1. 认识数控系统参数特点及类型。
2. 初步具备用 CF 卡在 CNC 数据进行输入、输出。

【技能目标】

1. 能够对数控系统进行参数备份与恢复操作。
2. 能够对数控系统的 CF 卡槽进行 CNC 数据操作。
3. 具备根据设备操作和维修说明书（含英文版）完成故障诊断与维修任务的能力。

项目 6-1 数控系统参数备份与恢复。
项目 6-2 使用 CF 卡在 CNC 数据进行输入、输出。

项目 6-1　数控系统参数备份与恢复

数控机床参数用于调整机床功能，是机床厂家根据机床特点设定的，决定数控机床的功能和控制精度，是保证数控机床正常工作的关键，一旦参数丢失或误改动，容易使机床的某些功能不能实现或系统混乱甚至瘫痪。因此，需掌握好参数备份与恢复方法。

一、数控系统数据备份恢复基础知识

数控设备是技术密集型和知识密集型机电一体化产品，其技术先进、结构复杂、价格昂贵，在各行各业的生产上都发挥着重要作用。

数控机床参数用于调整机床功能，是机床厂家根据机床特点设定的，决定数控机床的功能和控制精度，是保证数控机床正常工作的关键，一旦参数丢失或误改动，容易使机床的某些功能不能实现或系统混乱甚至瘫痪，如轴补偿数据，是根据每台机床的实际情况确定的，即便是同厂家、同型号的两台机床，也是不一样的，一旦丢失，就需要用激光干涉仪重新进行检测、补偿，需要大量时间和精力，给工作带来很大的不便。所以在数控机床安装调试完毕或进行重大调整后，进行正确、完整、有效的参数备份是非常必要的。

参数丢失的原因，数控系统后备电池失效将导致全部参数丢失。

（1）数控系统后备电池失效，参数存储器故障或电气元器件老化都将使参数发生变化或导致参数不可用，遇到此类故障，一般需更换存储器板或损坏的电气元器件，然后将备份好的参数重新传回到数控系统中。

（2）参数存储器故障或元器件老化。

（3）机床长期闲置不用，没有定期对机床上电。

（4）机床在 DNC 状态下加工工件或进行数据通信过程中电网瞬间停电。

（5）由于安装环境原因，受到外部干扰，使参数丢失或发生混乱。

（6）操作者误操作，为避免出现这类情况，应对操作者加强上岗前的业务技术培训及经常性的操作规程培训，制定可行的操作章程并严格执行。

二、参数恢复的方法

一般情况下，当参数发生改变和丢失时可以采用以下两种方式进行参数的恢复。

方法一：根据故障现象进行正确的参数设置

根据故障现象和参数说明，找到排除故障的相应参数，进行正确的参数设置。在有针对性的利用机床参数进行设备维修的过程中，这种方法是非常实用和有效的。利用这种方法可以处理许多常见的机床故障，例如主轴准停位置的调整，机床原点位置的调整，解除软件超程报警，补偿反向间隙，螺距补偿参数设置等。可以说调整机床参数是修复机床常见故障的重要手段之一。但是由于参数的数量非常庞大，当参数大范围丢失和改变时，这基本上是一个不能完成的任务。只能借助于参数的备份与回装完成参数的恢复任务。

方法二：利用机床的备份数据进行参数的下载和恢复

利用机床的备份数据进行恢复方法简单易行，效率高，可靠性高，是进行参数恢复的主要手段。下面着重介绍针对不同数控系统数据备份的方法和步骤。

一、任务描述

> 任务一 Fanuc i 系统的参数备份与回装。
> 任务二 广州数控系统的参数备份与回装。

二、实施准备

1. 劳保用品佩戴：工作服、劳保鞋、安全帽、手套等。
2. 设备准备：FANUC 0i-C 数控系统、广州 GSK-980TDc 数控系统。

三、实施过程

任务一　Fanuc i 系统的参数备份与回装

对于 Fanuc i 系统可以使用 CF 卡进行数据传输，也可以使用 RS232 接口进行数据传输。

数据备份方法与步骤：

1. 将 PC 机或 CF 卡与数控机床连接好，如果使用 CF 卡，在 Setting 画面 I/O 通道一项中设定 I/O=4。如果使用 RS232 接口，则根据硬件连接情况设定 I/O=0 或 I/O=1。
2. 计算机侧装好相应的通信软件，例如 DNC 软件或 PC IN 软件，并启动该软件。
3. 在系统侧选择 EDIT 模式，并通过参数设定输出代码（ISO 或 EIA）。
4. 按下功能键 SYSTEM，按软键 PARAM，按操作软件，按操作扩展键，再按软件输出，按下软件 ALL，然后按下执行。备份数据将按照已设置好的格式输出。

数据回装方法与步骤：

1. 系统侧选择编辑模式，并在 SETTING 画面中，将 PWE 值改为 1，这时机床会出现 P/S100 报警，并不影响数据传输。
2. 为了确保安全，需要按下系统急停按钮。
3. 按下功能键 SYSTEM，按软键 PARAM，按软键操作，按操作扩展键，再按软件

INPUT，然后按执行。当画面右下脚的 INPUT 字样消失时，说明参数输入完成。

4. 回到 SETTING 界面中，将 PWE 改为 0，重新启动系统。报警消失，参数传输过程结束。

任务二　广州数控系统的参数备份与回装

广州数控设备有限公司推出的 gsk980TDB 数控系统，有 USB 接口，可以通过这个接口外接 U 盘，进行在线加工，数据备份，系统软件升级。

下面就数据备份的操作方法介绍如下：

1. 在 USB 接口插入 U 盘。

2. 按【编辑】键，按【翻页】出现如图 6-1-1 所示的对话框。图中页面左边显示 CNC 盘目录信息，右边空白。

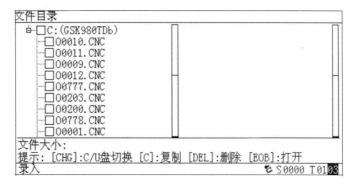

图 6-1-1　CNC 盘目录

3. 按【转换 CHG】键，切换到 U 盘出现如图 6-1-2 所示的对话框。识别到 U 盘。

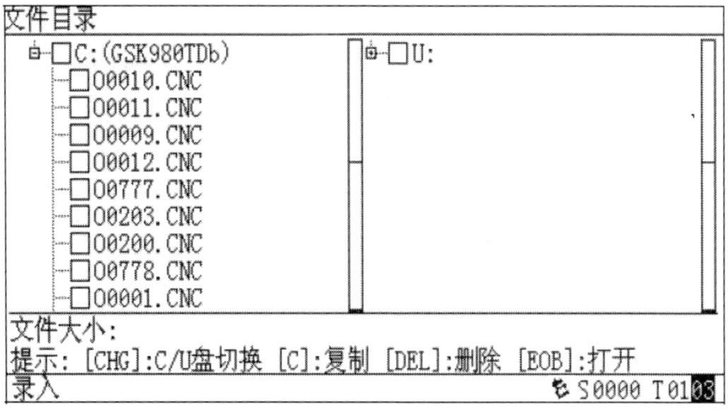

图 6-1-2　切换至 U 盘

4. 成功识别 U 盘后，反复按【参数】键，出现如图 6-1-3 所示的对话框，进入高级操作 USB 功能。

5. 移动光标到图 3 中的"参数、加工程序、梯图"，按【输入】键，选中目标打勾。

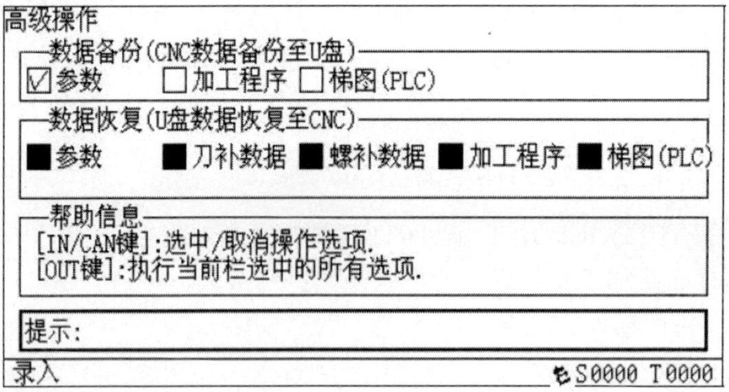

图 6-1-3　高级操作

6. 按【输出 out】键，开始输出数据到 U 盘，自动创建 gsk980tdb_backup\user\ 文件夹，即可。

四、实施项目任务书和报告书

项目任务书

姓名		任务名称	
指导老师		小组成员	
课时		实施地点	
时间		备注	
任务内容			
1. Fanuc i 系统的参数备份与回装。 2. 广州数控系统的参数备份与回装。			
考核项目	1. Fanuc i 系统的参数备份与回装		
	2. 广州数控系统的参数备份与回装		

项目任务报告

姓名		任务名称	
班级		小组成员	
完成日期		分工内容	

报告内容

1. Fanuc i 系统的参数备份与回装

2. 广州数控系统的参数备份与回装

项目 6–2　使用 CF 卡在 CNC 数据进行输入、输出

在数控机床故障诊断和维修中，不可避免地对机床的一些数据进行备份和恢复。使用 CF 卡进行数据备份和恢复已经成了一种重要的手段，因此需要熟悉和掌握好使用 CF 卡进行数据输入、输出的操作方法。

一、认识 CF 卡及系统存储区域

（一）CF 卡

CF 卡（Compact Flash）最初是一种用于便携式电子设备的数据存储设备。随着数控技术的发展和应用，CF 卡也越来越被广泛应用于数控机床数据的存储。

目前，FANUC 的 i 系列系统 0i C/D、0i mate C/D、16i/18i/21i 上都有 PCMCIA 插槽，方便用户使用 CF 卡进行数据输入、输出和备份。对于主板和显示器一体型系统，插槽位置在显示器左侧，如图 6-2-1 所示。对于分体型系统，存储卡插在主板上。

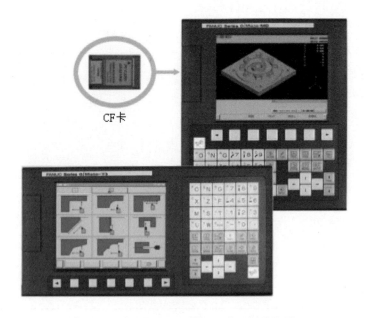

图 6-2-1　FANUC 0i D 系统 CF 卡及插槽位置

（二）系统存储区介绍

CNC 的存储区分为 FROM、SRAM 和 DRAM。其中，FROM 为非易失型存储器，系统断电后数据不丢失；SRAM 为易失型存储器，系统断电后数据丢失，所以其数据需要用系统主板上的电池来保存；DRAM 为动态存储器，是软件运动的区域，系统断电后数据丢失。CNC 中必须备份保存的数据类型和保持方式如表 6-2-1 表示。

表 6-2-1 CNC 中保存的数据类型和保存方式

数据类型	存储区	来源	备注
CNC 参数	SRAM	机床厂家提供	必须保存
PMC 参数	SRAM	机床厂家提供	必须保存
梯形图程序	FROM	机床厂家提供	必须保存
螺距误差补偿	SRAM	机床厂家提供	必须保存
宏程序	SRAM	机床厂家提供	必须保存
加工程序	SRAM	用户	根据需要，可以保存
系统文件	FROM	系统厂家提供	不需要保存

这里注意的是，系统文件不需要保存，但也不能轻易删除，因为有些系统文件一旦删除了，再原样恢复也会发生系统报警而导致系统不能使用，即使同样类型系统之间相互复制也可能造成系统不能正常运行，所以对于这些基本软件不要随意删除。

二、数据输入 / 输出操作的方法

用 CF 卡进行数据输入 / 输出操作的方法有以下 3 种，每种方法各有特点。

1. 通过 BOOT 画面备份

BOOT 是系统在启动时执行 CNC 软件建立的引导系统，作用是从 FROM 中调用软件到 DRAM 中。通过 BOOT 画面这种数据备份方法，备份的是 SRAM 的整体，数据为二进制形式，在计算机上打不开。但这种方法的优点是恢复或调试其他相同机床时可以迅速完成。

2. 通过各操作画面备份

通过各个操作画面对 SRAM 里各个数据分别备份。这种方法在系统的正常操作画面操作，编辑（EDIT）方式或急停方式均可操作，输出的是 SRAM 的各个数据，并且是文本格式，在计算机上可以打开，但缺点是输出的文件名是固定的。

3. 通过 ALL I/O 画面备份

通过 ALL I/O 画面对 SRAM 里各个数据分别备份。这种方法有个专门的操作画面即 ALL I/O 画面，但必须是编辑（EDIT）方式才能操作，急停状态下不能操作。SRAM 里所有的数据都可以分别被备份和恢复。和第二种方法一样，输出文件的格式是文本格式，在计算机上也可以打开。和第二种方法不一样的地方在于可以自定义输出的文件名,这样,一张存储卡可以备份多台系统(机床)的数据,以不同的文件名保存。

一、任务描述

使用 CF 卡分别通过 BOOT 画面、各操作画面、ALL I/O 画面 3 种方法进行数据备份。

二、实施准备

设备准备:FANUC 0i-C 数控系统及其 CF 卡、广州 GSK-980TDc 数控系统及其 CF 卡。

三、实施过程

1. 通过 BOOT 画面备份操作步骤

(1)插入 CF 卡,同时按住显示器下方最右边两个软键,如图 6-2-2 所示。

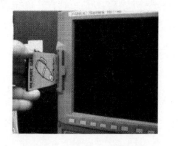 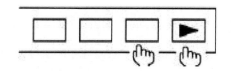

图 6-2-2 步骤一操作示意图

(2)按住两个软键接通 NC 电源,直至显示如图 6-2-3 所示的 BOOT 系统的菜单画面。

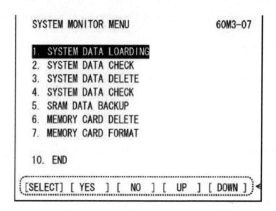

图 6-2-3 BOOT 系统菜单画面

BOOT 系统画面中各菜单功能如表 6-2-1 所示。

表 6-2-1　BOOT 系统画面菜单功能

1. SYSTEM DATA LOADING	把文件写入 FROM
2. SYSTEM DATA CHECK	确认 FROM 内文件的版本
3. SYSTEM DATA DELETE	删除 FROM 内的用户文件
4. SYSTEM DATA SAVE	保存 FROM 内的用户文件
5. SRAM DATA BACKUP	保存和恢复 SRAM 内的数据
6. MEMORY CARD FILE DELETE	删除 SRAM 存储卡内的文件
7. MEMORY CARD FORMAT	存储卡的格式化（存储卡的初始化）
10. END	结束 BOOT

基本操作方法：

用软键【UP】或【DOWN】进行选择处理。把光标移到要选择的功能上，按软键【SELECT】。另外，在执行功能之前要进行确认，有时还要按软键【YES】或【NO】。

（3）数据备份（SRAM DATA BACKUP）

通过此功能，可以将数控系统（随机存储器 SRAM）中的用户数据（系统参数、螺距误差补偿值、加工程序、宏程序、刀具补偿值、工件坐标系参数、PMC 参数等）全部储存到 CF 存储卡中做备份用，或将 CF 卡中的数据恢复到 CNC 存储器 SRAM 中。

1）第一步：选择"1. SRAM BACKUP"后，显示要确认的信息。

2）第二步：按〔YES〕键，就开始保存数据。

3）第三步：如果要备份的文件已经存在于存储卡上，系统就会提示你是否忽略或覆盖源文件。

4）第四步：在"FILE NAME："处显示的是现在正在写入的文件名。

5）第五步：正常结束后，显示以下信息。请按软键【SELECT】。

（4）将 CF 卡中的数据恢复到 CNC。

1）第一步：选择"2.RESTORE SRAM"，显示以下信息。请按【YES】键。

2）第二步：系统显示以下确认信息。

3）第三步：正常结束时显示以下信息。请按软键【SELECT】。

2. 通过各操作画面备份操作步骤

这种方法进行参数的备份，从系统正常画面下可备份参数，但需要两个基本条件。一是系统在编辑（EDIT）方式或急停状态下；二是设定参数 20#=4。

（1）在 MDI 键盘上按"SYSTEM"，再按【参数】软键，显示参数界面。

（2）按下软键右侧的【OPR】或【（操作）】，对数据进行操作。

（3）按下右侧的扩展键【>】，按【PUNCH】软件输出。

（4）按【NON-0】软键选择不为零的参数，如果选择【ALL】软件为全部参数。

（5）按【EXEC】软件执行，选择输出。

操作完成后，参数以默认名"CNCPARAM"保存到存储卡中。如果把 100#3 NCR 设定为"1"，可让传出的参数紧凑排列。以此种方式备份的参数可以在计算机上用写字板或记事本直接打开，但是这种方法备份出的参数文件名不可更改。如果卡中已经有一套名为"CNCPARAM"的系统参数，再备份另外一台系统参数时，原来的数据将会被覆盖。

如果要回传参数，从步骤（3）中选择【READ】软键，再选择【EXEC】软键执行，即可把备份出来的参数回传到系统中。

3. 通过 ALL I/O 画面备份操作步骤

（1）在 EDIT 方式下，按下 MDI 面板上【SYSTEM】键，然后按下显示器下面软键的扩展键【>】数次调出 ALL I/O 画面如图 6-2-4 所示。

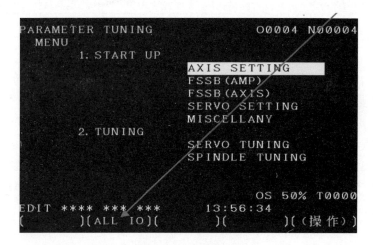

图 6-2-4　ALL I/O 画面

（2）按下【（操作）】键，出现可备份的数据类型，以备份参数为例。

1）按下【参数】键，如图 6-2-5 所示。

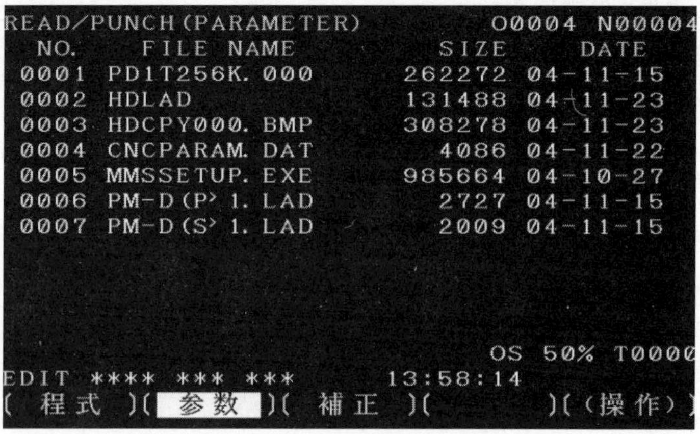

图 6-2-5　按下【参数】键

2）按下【操作】键，出现可备份的操作类型，如图6-2-6所示。

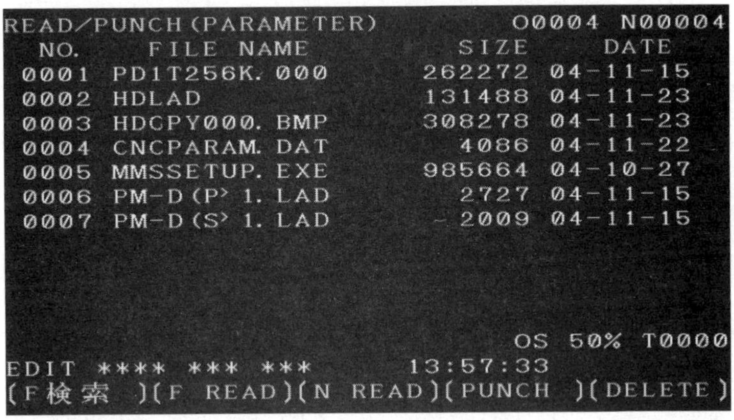

图6-2-6 可备份的操作类型

其中，【F READ】为在读取参数时按文件名读取M-CARD中的数据。

【N READ】为在读取参数时按文件号读取M-CARD中的数据。

【PUNCH】传出参数。

【DELETE】删除M-CARD中数据。

（3）在向M-CARD中备份数据时选择【PUNCH】，按下该键出现如图6-2-7所示的画面。

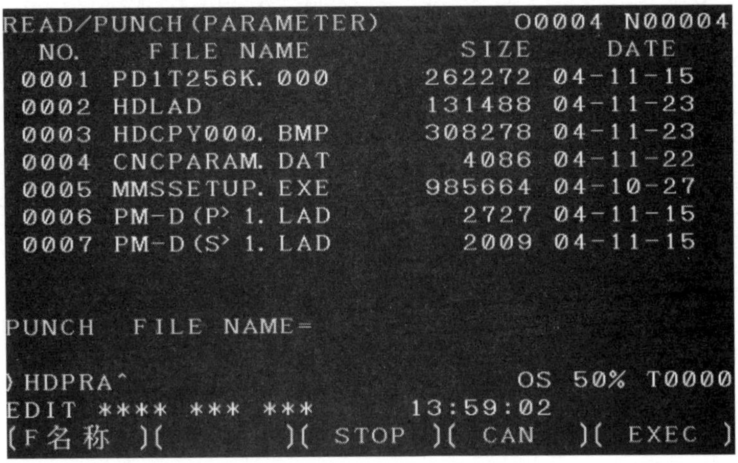

图6-2-7 按下【PUNCH】键

（4）输入要传出的参数的名字例如【HDPRA】，按下【F名称】即可给传出的数据定义名称，执行即可，如图6-2-8所示。

通过这种方法备份参数可以给参数起自定义的名字，这样也可以备份不同机床的多个数据。对于备份系统其他数据也是相同。

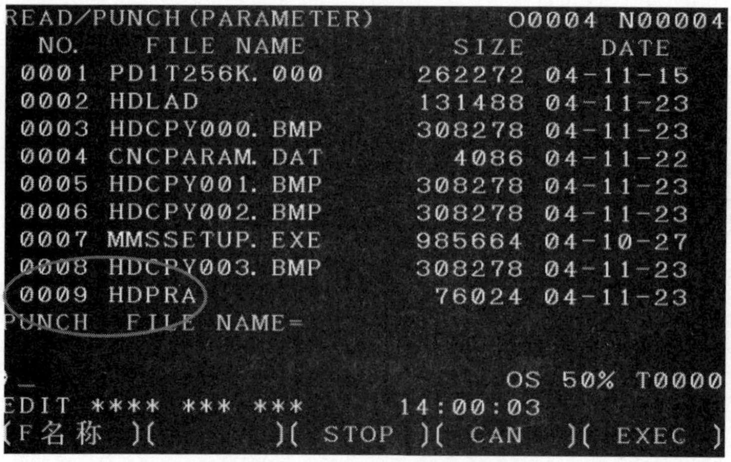

图 6-2-8 参数名字输入画面

（5）在程序画面备份系统的全部程序时输入 0～9999，依次按【PUNCH】键，【EXEC】键可以把全部程序传出到 M-CARD 中，如图 6-2-9 所示。默认文件名 PROGRAM.ALL 设置 3201#6 NPE 可以把备份的全部程序一次性输入到系统中。

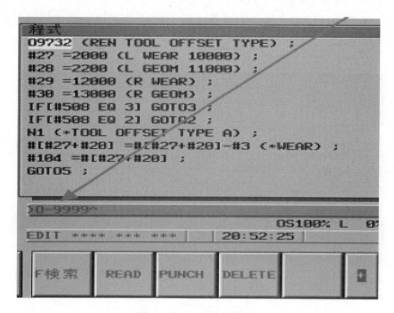

图 6-2-9　备份全部程序

（6）在图 6-2-10 画面中选择 10 号文件，在 PROGRAM.ALL 程序号处输入 0～9999 可把程序一次性全部传入系统中。

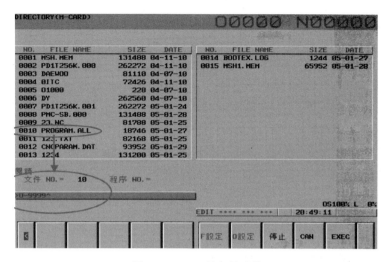

图 6-2-10　10 号文件功能

四、实施项目任务书和报告书

1. 项目任务书

项目任务书

姓名		任务名称	
指导老师		小组成员	
课时		实施地点	
时间		备注	
任务内容			
使用 CF 卡进行数据备份			
考核项目	1. 通过 BOOT 画面进行数据备份		
	2. 通过各操作画面进行备份		
	3. 通过 ALL I/O 画面进行备份		

2. 项目任务报告

项目任务报告

姓名		任务名称	
班级		小组成员	
完成日期		分工内容	
报告内容			
1. 通过 BOOT 画面进行数据备份			
2. 通过各操作画面进行备份			
3. 通过 ALL I/O 画面进行备份			

教学评价

教学评价包括学生自评、学生互评和教师评价。

1. 学生自评

学生自评表　　　　　　　　年　月　日

姓名		模块名称	
项目名称		实际得分	标准分
计划与决策（20分）			
是否考虑了安全和劳动保护措施			5
是否考虑了环保及文明使用设备			5
是否能在总体上把握学习进度			5
是否存在问题和具有解决问题的方案			5
实施过程（60分）			
			15
			15
			15
			15
检查与评估（20分）			
是否能如实填写项目任务报告			5
是否能认真描述困难、错误和修改内容			5
是否能如实对自己的工作情况进行评价			5
是否能及时总结存在的问题			5
合计总得分			100
困难所在：			
对自评人的评价：　□满意　　□较满意　　□一般　　□不满意			
改进内容：			
学生签名		教师签名	

169

2. 学生互评

学生互评表　　　　　　年　月　日

学生姓名		模块名称	
项目名称		实际得分	标准分
计划与决策（20分）			
是否考虑了安全和劳动保护措施			5
是否考虑了环保及文明使用设备			5
是否能在总体上把握学习进度			5
是否存在问题和具有解决问题的方案			5
实施过程（60分）			
			15
			15
			15
			15
检查与评估（20分）			
是否能如实填写项目任务报告			5
是否能认真描述困难、错误和修改内容			5
是否能如实对自己的工作情况进行评价			5
是否能及时总结存在的问题			5
合计总得分			100
完成不好的内容： 完成好的内容：			
对自评人的评价：　□满意　　□较满意　　□一般　　□不满意			
改进内容：			
学生签名		测评人签名	

3. 教师评价

教师评价表　　　　　　　年　月　日

学生姓名		模块名称		
项目名称		实际得分		标准分
计划与决策（20分）				
是否考虑了安全和劳动保护措施				5
是否考虑了环保及文明使用设备				5
是否能在总体上把握学习进度				5
是否存在问题和具有解决问题的方案				5
实施过程（60分）				
				15
				15
				15
				15
检查与评估（20分）				
是否能如实填写项目任务报告				5
是否能认真描述困难、错误和修改内容				5
是否能如实对自己的工作情况进行评价				5
是否能及时总结存在的问题				5
合计总得分				100
完成不好的内容： 完成好的内容：				
完成情况评价：　□很好　□较好　□好　□一般				
教师评语：				
学生签名		教师签名		

 学后感言

 任务习题

1. 参数恢复都有哪些方法？
2. 简述 Fanuc i 系统的参数备份与回装方法。
3. 简述广州数控系统的参数备份与回装方法。
4. 什么是 CF 卡？
5. CNC 中保存的数据类型和保存方式都有哪些？
6. 如何使用 CF 通过 BOOT 画面进行数据备份？
7. 如何使用 CF 通过各操作画面进行数据备份？
8. 如何使用 CF 通过 ALL I/O 画面进行数据备份？

模块七 数控机床主轴驱动及控制故障诊断与维修

在本模块中,将重点介绍变频器的工作原理、参数设置,以及变频器主轴控制调节等内容,旨在让同学们了解数控系统变频器工作原理、参数设置,掌握数控系统变频器主轴控制调节操作的相关技能。

【知识目标】

1. 熟悉变频器的特点。
2. 掌握数控机床变频器构成虚拟主轴的连接原理图。
3. 了解数控机床主轴对伺服系统的要求。
4. 了解数控机床主轴驱动系统的特点。
5. 了解直流、交流主轴伺服系统。

【技能目标】

1. 能够在机床进行变频器安装。
2. 能够把变频器正确地和机床虚拟主轴连接。
3. 掌握数控装置与主轴装置的连接。
4. 掌握变频器设置其连接电机的参数。

项目 7-1 数控机床变频器构成虚拟主轴的连接。
项目 7-2 数控机床主轴驱动系统的连接与参数设置。

项目 7-1　变频器工作原理、参数设置

变频器是数控机床主轴常用的调速控制装置，变频器一旦出现故障，主轴将产生不能调速或调速不灵等故障，从而影响数控机床的正常使用。因此，同学们应熟悉变频器及工作原理，掌握好变频器的安装连接、参数设置等技能，为日后工作打好基础。

一、认识变频器

（一）变频器的基本概念

1. 变频器的概念

变频器（Variable-frequency Drive，VFD）是应用变频技术与微电子技术，通过改变电机工作电源频率方式来控制交流电动机的电力控制设备。随着工业自动化程度的不断提高，变频器也得到了非常广泛的应用，数控机床主轴电机的控制就常用变频器来控制。

2. 变频调速

通过改变交流电动机的定子供电电压频率而使电动机转速平滑变化的方法称为变频调速。对交流电动机实现变频调速的装置称为变频器，如图 7-1-1 所示。

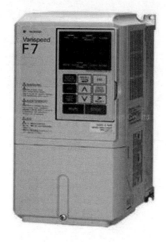

（a）三菱变频器　　　　（b）安川变频器

图 7-1-1　变频器

（二）变频器的分类、结构及工作原理

变频器按变换环节可分为交－交变频器和交－直－交变频器两大类。

1. 交－交变频器

交－交变频器是把频率固定的交流电源直接变换成频率可调的交流电，又称直接变频器。该类变频器广泛应用于大功率交流电动机调速传动系统，实际使用的主要是三相输出交－交变频器电路。

2. 交－直－交变频器

交－直－交变频器是先把频率固定的交流电整流成直流电，再把直流电逆变成频率连续可调的交流电，又称间接式变频器。目前，通用型变频器绝大多数是交－直－交型变频器，尤其是电压器变频器最为通用。交－直－交型变频器主要由主电路和控制电路组成，其结构框图如图 7-1-2 所示。

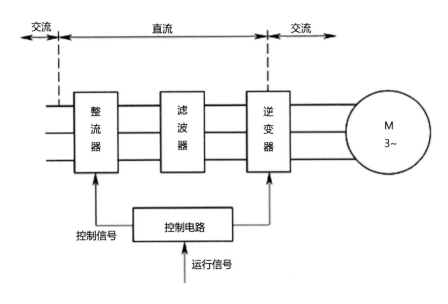

图 7-1-2　交－直－交型变频器结构框图

（1）主电路

主电路是变频器的核心电路，由整流电路（交－直交换）、直流滤波电路（能耗电路）及逆变电路（直－交变换）组成。主电路图如图 7-1-3 所示。

1）交－直变换部分

① VD1～VD6 组成三相整流桥，将交流变换为直流。

② 滤波电容器 CF 的作用有：滤除全波整流后的电压纹波；当负载变化时，使直流电压保持平衡。因为受电容量和耐压的限制，滤波电路通常由若干个电容器并联成一组，又由两个电容器组串联而成。如图中的 C_{F1} 和 C_{F2}。由于两组电容特性不可能完全相同，在每组电容组上并联一个阻值相等的分压电阻 R_{C1} 和 R_{C2}。

③ 限流电阻 RL 和开关 SL。变频器刚合上闸瞬间冲击电流比较大，RL 的作用就是在合上闸后的一段时间内，电流流经 RL，限制冲击电流，将电容 CF 的充电电流限制在一定范围内。SL 的作用是当 CF 充电到一定电压，SL 闭合，将 RL 短路。一些变频器使用晶闸管代替（如虚线所示）。

④ 电源指示 HL。其除作为变频器通电指示外，还作为变频器断电后，变频器是否有电的指示（灯灭后才能进行拆线等操作）。

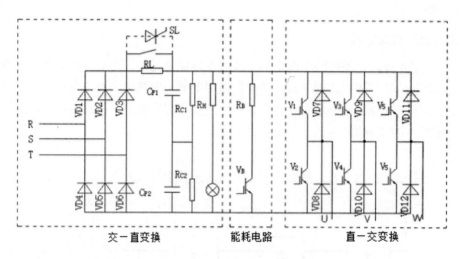

图 7-1-3　交 - 直 - 交变频器主电路图

2）能耗电路部分

① 制动电阻 RB。变频器在频率下降的过程中，将处于再生制动状态，回馈的电能将存贮在电容 CF 中，使直流电压不断上升，甚至达到十分危险的程度。RB 的作用就是将这部分回馈能量消耗掉。一些变频器此电阻是外接的，都有外接端子（如 DB＋，DB－）。

② 制动单元 VB。由 GTR 或 IGBT 及其驱动电路构成。其作用是为放电电流 IB 流经 RB 提供通路。

3）直 - 交变换部分

① 逆变管 $V_1 \sim V_6$。组成逆变桥，把 VD1～VD6 整流的直流电逆变为交流电。这是变频器的核心部分。

② 续流二极管 VD7～VD12。电机是感性负载，其电流中有无功分量，为无功电流返回直流电源提供"通道"；频率下降，电机处于再生制动状态时，再生电流通过 VD7～VD12 整流后返回给直流电路；$V_1 \sim V_6$ 逆变过程中，同一桥臂的两个逆变管不停地处于导通和截止状态。在这个换相过程中，也需要 VD7～VD12 提供通路。

2）直流滤波电路。主要是由无感电容、电解电容和均压电阻等组成，作用是消除直流中的高次谐波，提高功率因素。

3）逆变电路。由 6 个 IGBT 和它反向并联的 6 个续流二极管组成的三相全桥逆变电路组成。这 6 个续流二极管的功能有以下三点。

（2）控制电路

控制电路的基本结构主要由电源板、主控板、键盘与显示板、外接控制电路等构成。主控板是变频器运行的控制中心，其主要功能如下。

1）接受从键盘输入的各种信号。

2）接受从外部控制电路输入的各种信号。

3）接受内部的采样信号，如主电路中电压与电流的采样信号、各部分温度的采样信号、各逆变管工作状态的采样信号等。

4）完成SPWM调制，将接受的各种信号进行判断和综合运算，产生相应的SPWM调制指令，并分配给各逆变管的驱动电路。

5）发出显示信号，向显示板和显示屏发出各种显示信号。

6）发出保护指令，变频器必须根据各种采样信号随时判断其工作是否正常，一旦发现异常工况，必须发出保护指令进行保护。

7）向外电路发出控制信号及显示信号，如正常运行信号、频率到达信号和故障信号等。

（三）变频器的额定参数

1. 变频器的额定值

（1）输入侧的额定值。

输入侧的额定值主要是电压和相数。在我国的中小容量变频器中，输入电压的额定值有以下几种情况（均为线电压）。

1）380 V/50 Hz，三相，用于绝大多数电器中。

2）200～230 V/50 Hz 或 60 Hz，三相，主要用于某些进口设备中。

3）200～230 V/50 Hz，单相，主要用于精细加工和家用电器。

（2）输出侧的额定值。

1）输出电压额定值 U_N。由于变频器在变频的同时也要变压，所以输出电压的额定值是指输出电压中的最大值。通常，输出电压的额定值总是和输入电压相等的。

2）输出电流额定值 I_N。输出电流的额定值是指允许长时间输出的最大电流，是用户在选择变频器时的主要依据。

3）输出容量 S_N（kVA）。S_N 与 U_N 和 I_N 的关系为：

$$S_N = U_N I_N \times 10^{-3}$$

4）配用电动机容量 P_N（kW）。变频器说明书中规定的配用电动机容量。变频器铭牌上的"适用电动机容量"是针对四极的电动机而言，若拖动的电动机是六极或其他，那么相应的变频器容量加大。

5）过载能力。变频器的过载能力是指其输出电流超过额定电流的允许范围和时间。大多数变频器都规定为 150% I_N，60s 或 180% I_N，0.5s。

2. 变频器的频率指标

（1）基底频率 f_b 当变频器的输出电压等于额定电压时对应的最小输出频率，称为基底频率，用来作为调节频率的基准。

（2）最高频率 fmax 当变频器的频率给定信号为最大值时,变频器的给定频率。这是变频器的最高工作频率的设定值。

（3）上限频率 f_H 和下限频率 f_L 根据拖动系统的工作需要,变频器可设定上限频率和下限频率,如图 7-1-4 所示。

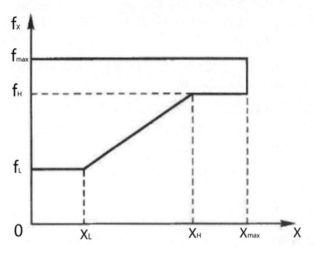

图 7-1-4　变频器的上下限频率示意图

（4）跳变频率 f_J 生产机械在运转时总是有振动的,其振动频率和转速有关。为了避免机械谐振的发生,机械系统必须回避可能引起谐振的转速。回避转速对应的工作频率就是跳变频率。

（5）点动频率 f_{JOG} 生产机械在调试过程中,以及每次新的加工过程开始前,常常需要"点一点、动一动",以便观察各部位的运转情况。

如果每次在点动前后,都要进行频率调整的话,既麻烦,又浪费时间。因此,变频器可以根据生产机械的特点和要求,预先一次性地设定一个"点动频率 f_{JOG}",每次点动时都在该频率下运行,而不必变动已经设定好了的给定频率。

二、通用变频器

由于变频器生产厂家和种类较多,不同厂家的变频器,其面板控制端子的名称及接线方式会有所不同,使用时应注意阅读厂家提供的变频器用户手册。

本文中,我们将以汇川 MD 300 型号变频器为例介绍变频器的相关知识。图 7-1-5 所示为汇川 MD 300 型号变频器实物图,图 7-1-6 所示为其外形结构示意图。

图 7-1-5　汇川 MD 300 变频器

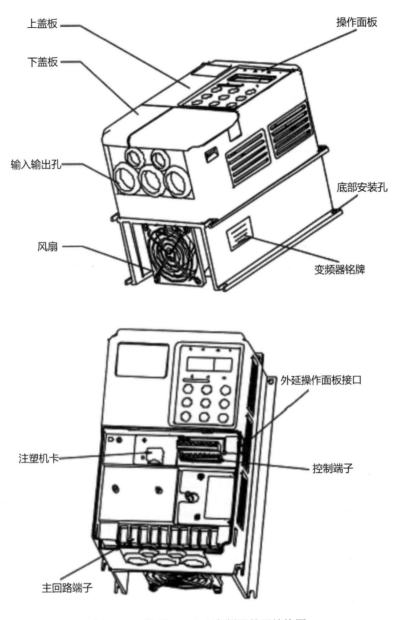

图 7-1-6 汇川 MD 300 变频器外形结构图

1. MD 系统变频器的特点

MD 系列变频器是汇川技术推出的代表未来变频器发展方向的新一代模块化高性能变频器。与传统意义上的变频器相比，它具有如下优势：

（1）MD 系列变频器的底层模块是高性能电机控制模块，它包含 V/F、无速度传感器矢量控制（SVC）和矢量控制（VC），主要完成对电机的高性能控制与全方位保护，它可以通过多种通道接受运行指令来控制电机，还可以通过编码器接口，进行闭环矢量控制。

（2）MD 系列变频器的中间层模块是通用功能模块。

该模块主要包括变频器的一些基本功能，如 PID 控制、多段速、摆频等常用功能。根据功能的复杂程度，提供了两种子模块供用户选择，即 MD300 功能模块与 MD320 功能模块。

（3）MD 系列变频器的顶层模块是行业专用模块，这是给行业专用需求提供的解决平台，客户可以使用现有的解决方案，也可以根据自身要求，进行二次开发。

2. 主回路端子

汇川 MD 300 三相变频器主回路端子布置图如图 7-1-7 所示，各端子说明如表 7-1-1。

能耗制动电阻
P+
PB
R
S
T
U
V
W
E
M
3~
三相电源输入

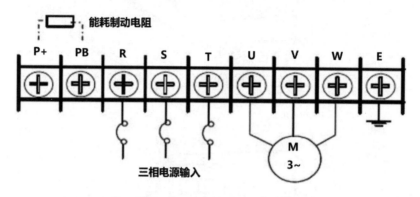

图 7-1-7　汇川 MD 300 三相变频器主回路

表 7-1-1　MD300 单相变频器主回路端子说明

端子标记	名称	说明
L1、L2	单相电源输入端子	交流单相 220V 电源连接点
（+）、（-）	直流母线正、负端子	共直流母线输入点
（+）、PB	制动电阻连接端子	连接制动电阻
U、V、W	变频器输出端子	连接三相电动机
E	接地端子	接地端子

3. 控制回路端子

汇川 MD 300 变频器控制回路端子布置图如图 7-1-8 所示，各端子说明如表 7-1-2。

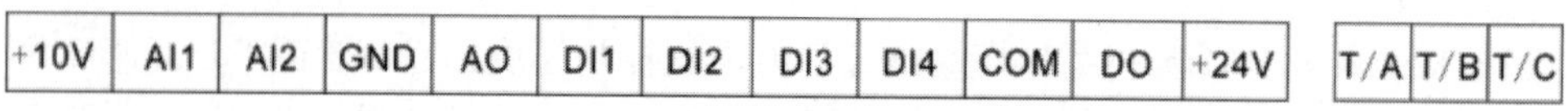

+10V
AI1
AI2
GND
AO
DI1
DI2
DI3
DI4
COM
DO
+24V
T/A
T/B
T/C

图 7-1-8　汇川 MD 300 控制回路端子布置图

表 7-1-2 控制端子功能说明

类型	端子符号	端子名称	功能说明
电源	+10V-GND	外接+10V电源	向外提供+10电源，最大输出电流10mA，一般用作外接电位器工作电源
	+24-COM	外接+24V电源	向外提供+24V电源，一般用作数字输入输出端子工作电源和外接传感器电源，最大输出电流200mA
模拟输入	AI1-GND	模拟量输入端子1	输入电压范围：DC 0V-10V，输入阻抗：100KΩ
	AI2-GND	模拟量输入端子2	输入范围：DC 0V-10V/4mA-20mA，由控制板上的J3跳线选择决定。输入阻抗：电压输入时为100kΩ，电流输入时为500Ω
功能数字输入端子	DI1	数字输入1	输入阻抗：3.3kΩ
	DI2	数字输入2	
	DI3	数字输入3	
	DI4	高速脉冲输入端子	除了DI1-DI3的特点外，DI4还可作为高速脉冲输入通道。最高输入频率：50kHz
模拟输出	A0-GND	模拟输出	由控制板上的J4跳线选择决定电压或电流输出
数字输出	D0-COM	数字输出1	输出电压范围：0V-24V，输出电流范围：0mA-50mA
	FM-COM	高速脉冲输出	受功能码F5-00"FM端子输出方式选择"约束，当作为高速脉冲输出，最高频率到50KHz；当作为集电极开路输出，与D01规格一样
继电器输出	T/A-T/B	常闭端子	触点驱动能力：AC250V，COSΦ=0.4，DC 30V，1A
	T/A-T/C	常开端子	

4. 显示面板

通过操作面板，可对变频器进行功能参数修改、变频器工作状态监控和变频器运行控制（起动、停止）等操作，其外形及功能区如图 7-1-9 所示。

（1）功能指示灯说明

1）RUN：灯灭时表示变频器处于停机状态，灯亮时表示变频器处于运转状态。

2）LOCAL/REMOT：键盘操作、端子操作与远处操作（通讯控制）指示灯，灯灭表示键盘操作控制状态，灯亮表示端子操作控制状态。

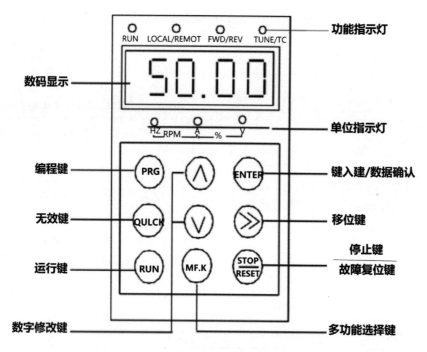

图 7-1-9　汇川 DM 300 变频器操作面板示意图

3）FWD/REV：正反转指示灯，灯灭表示处于正转状态，灯亮表示处于反转状态。

4）TUNE/TC：调谐时指示灯闪烁，灯亮表示处于转矩控制状态，灯灭表示处于速度控制状态。

（2）单位指示灯说明。

1）Hz 频率单位。

2）A 电流单位。

3）RPM 转速单位。

4）% 百分数。

（3）数码显示区。

5 位 LED 显示，可显示设定频率、输出频率，各种监视数据以及报警代码。

（4）键盘按钮说明。

各键盘按钮功能说明见表 7-1-3。

表 7-1-3　MD 300 变频器键盘按钮说明

按键	名称	功能
PRG	编程键	一级菜单进入或退出
ENTER	确认键	逐级进入菜单画面、设定参数确认
∧	递增键	数据或功能的递增
∨	递减键	数据或功能码的递减

(续表)

按键	名称	功能
》	位移键	在停机显示界面和运行显示界面下，可循环选择显示参数；在修改参数时，可以选择参数的修改位
RUN	运行键	在键盘操作方式下，用于启动运行
STOP/RESET	停止/复位	运行状态时，按此键可用于停止运行操作；故障报警状态时，可用来复位操作，该键的特性受功能码 F7-02 制约
MF.K	多功能选择键	F6-11=0 时，无功能 F6-11=1 时，为本地操作与远处操作切换键 F6-11=2 时，为正反转切换键 F6-11=1 时，为正转点动键

变频器除了按变换环节分类外，还有很多分类方法。例如，按电压的调制方式分，可将变频器分为 PAM（脉幅调制）变频器和 PWM（脉宽调制）变频器。又如，按直流环节的储能方式分有电流型和电压型。具体分类方法和说明见表 7-1-4。

表 7-1-4　变频器的分类

序号	分类方法	类别	说明
1	按变换环节分类	交-直-交变频器	交-直-交变频器首先将频率固定的交流电整流成直流电，经过滤波，再将平滑的直流电逆变成频率连续可调的交流电。由于把直流电逆变成交流电的环节较易控制，因此在频率的调节范围内，以及改善频率后电动机的特性等方面都有明显的优势，目前，此种变频器已得到普及
		交-交变频器	交-交变频器把频率固定的交流电直接变换成频率连续可调的交流电。其主要优点是没有中间环节，故变换效率高。它主要用于低速大容量的拖动系统中
2	按电压的调制方式分类	PAM（脉幅调制）	PAM（Pulse Amplitude Modulation 的简称）是通过调节输出脉冲的幅值来调节输出电压的一种方式，在调节过程中，逆变器负责调频，相控整流器或直流斩波器负责调压。这种方式基本不用
		PWM（脉宽调制）	PWM（Pulse Width Modulation 的简称）是通过改变输出脉冲的宽度和占空比来调节输出电压的一种方式，在调节过程中，逆变器负责调频调压。目前普遍应用的是脉宽按正弦规律变化的正弦脉宽调制方式，即 SPWM 方式。中小容量的通用变频器几乎全部采用此类型的变频器

（续表）

序号	分类方法	类别	说明
3	按滤波方式分类	电压型变频器	在交－直－交变压变频装置中，当中间直流环节采用大电容滤波时，直流电压波形比较平直，在理想情况下可以等效成一个内阻抗为零的恒压源，输出的交流电压是矩形波或阶梯波，这类变频装置叫电压型变频器
		电流型变频器	在交－直－交变压变频装置中，当中间直流环节采用大电感滤波时，直流电流波形比较平直，因而电源内阻抗很大，对负载来说基本上是一个电流源，输出交流电流是矩形波或阶梯波，这类变频装置叫电流型变频器
4	按输入电源的相数分类	三进三出变频器	变频器的输入侧和输出侧都是三相交流电，绝大多数变频器都属于此类
		单进三出变频器	变频器的输入侧为单相交流电，输出侧是三相交流电，家用电器里的变频器都属于此类，通常容量较小
5	按控制方式分类	U/f控制变频器	U/f控制是在改变变频器输出频率的同时控制变频器输出电压，使电动机的主磁保持一定，在较宽的调速范围内，电动机的效率和功率因数保持不变。因为是控制电压和频率的比，所以称为U/f控制。它是转速开环控制，无需速度传感器，控制电路简单，是目前通用变频器中使用较多的一种控制方式
		转差频率控制变频器	转差频率控制需检测出电动机的转速，构成速度闭环。速度调节器的输出为转差频率，然后以电动机速度与转差频率之和作为变频器的给定输出频率。转差频率控制是指能够在控制过程中保持磁通量Φm的恒定，能够限制转差频率的变化范围，且能通过转差频率调节异步电动机的电磁转矩的控制方式。速度的静态误差小，适用于自动控制系统
		矢量控制方式变频器	U/f控制变频器和转差频率控制变频器的控制思想都建立在异步电动机的静态数字模型上，因此动态性能指标不高。采用矢量控制方式的目的，主要是为了提高变频调速的动态性能。基本上可达到和直流电动机一样的控制特性

 任务实施

一、任务描述

在汇川 MD 300 变频器操作面板上完成查看和修改功能码，查看状态参数，电机参数自动调谐等参数设置和操作。

二、实施准备

设备准备：汇川 MD 300 型号变频器和相关工具，具体见表 7-1-5。

表 7-1-5　变频器参数设置和操作工具准备一览表

序号	分类	名称	型号规格	数量	单位	备注
1	工具	螺丝刀"一"	5.0mm	1	把	
2		螺丝刀"十"	5.0mm	1	把	
3	设备器材	螺钉	M5	4	颗	
4		螺钉垫圈		4	个	
5		隔热板		1	块	
6		冷却风扇		1	个	
7		变频器	MD300	1	个	

三、实施过程

1. 功能码查看和修改

MD300 变频器的操作面板采用三级菜单结构进行参数设置等操作。三级菜单分别为：功能参数组（一级菜单）→功能码（二级菜单）→功能码设定值（三级菜单）。操作流程如图 7-1-10 所示。

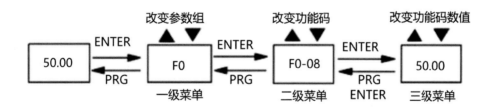

图 7-1-10　三级菜单操作流程图

说明：在三级菜单操作时，可按 PRG 键或 ENTER 键返回二级菜单。两者的区别是：按 ENTER 键将设定参数存入控制板，然后返回二级菜单，并自动转移到下一个功能码；按 PRG 键则直接返回二级菜单，不存储参数，并返回到当前功能码。

举例：将功能码 F2-05 从 10.00Hz 更改设定为 15.00Hz 的示例。（粗体字表示闪烁位）

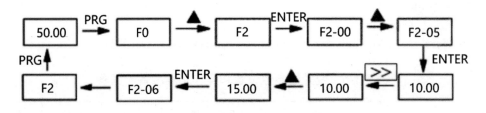

图 7-1-11 参数编辑操作示例

在第三级菜单状态下,若参数没有闪烁位,表示该功能码不能修改,可能原因有:
(1)该功能码为不可修改参数。如实际检测参数、运行记录参数等。
(2)该功能码在运行状态下不可修改,需停机后才能进行修改。

2. 查看状态参数

MD300 变频器在停机或运行状态下,可由 LED 数码管来显示变频器的几种状态参数。通过按移位键可以循环切换显示停机或运行状态下的状态参数。在停机状态下,MD300 变频器共有 5 个停机状态参数可以用键循环切换显示,分别如下:设定频率、母线电压、DI 输入状态、模拟输入 AI1 电压和模拟输入 AI2 电压。

在运行状态下,MD 300 变频器共有 7 个运行状态参数可以用键循环切换显示,分别如下:运行频率、母线电压、输出电压、输出电流、DI 输入状态、模拟输入 AI1 电压和模拟输入 AI2 电压。

其中端子状态(10 进制显示)按位表示,即

BIT0 为 1 表示 DI1 输入有效

BIT1 为 1 表示 DI2 输入有效

BIT2 为 1 表示 DI3 输入有效

BIT3 为 1 表示 DI4 输入有效

BIT4 ~ BIT5:保留

BIT6 为 1 表示 RELAY 输出有效

BIT7 为 1 表示 DO 输出有效

变频器断电后再上电,显示的参数被默认为变频器掉电前选择的参数。

3. 电机参数自动调谐

选择矢量控制运行方式,在变频器运行前,必须准确输入电机的铭牌参数,MD300 变频器据此铭牌参数匹配标准电机参数;矢量控制方式对电机参数依赖性很强。要获得良好的控制性能,必须获得被控电机的准确参数。

电机参数自动调谐步骤如下:
(1)F0 ~ 01 设定为 0:运行方式设定为键盘操作方式。
(2)按电机实际参数输入下面的参数。
F1 ~ 01:电机额定功率
F1 ~ 02:电机额定电压

F1～03：电机额定电流

F1～04：电机额定频率

F1～05：电机额定转速

如果是电机可和负载完全脱开，则 F1～11 请选择 2（完整调谐），然后按键盘面板上 RUN 键，变频器会自动算出电机的下列参数：

F1～06：定子电阻

F1～07：转子电阻

F1～08：漏感抗

F1～09：互感抗

F1～10：空载激磁电流

（3）完成电机参数自动调谐。

如果电机不可和负载完全脱开，则 F1～11 请选择 1（静止调谐），然后按键盘面板上 RUN 键。

变频器依次测量定子电阻、转子电阻和漏感抗 3 个参数，不测量电机的互感抗和空载电流，用户可根据电机铭牌自行计算这两个参数，计算中用到的电机铭牌参数有：额定电压 U、额定电流 I、额定频率和功率因素。

四、实施项目任务书和报告书

1. 项目任务书

项目任务书

姓名		任务名称	
指导老师		小组成员	
课时		实施地点	
时间		备注	
任务内容			
在汇川 MD 300 变频器操作面板上完成查看和修改功能码，查看状态参数，电机参数自动调谐等参数设置和操作			
考核项目	1. 功能码查看和修改		
	2. 查看状态参数		
	3. 电机参数自动调谐		

2. 项目任务报告

项目任务报告

姓名		任务名称	
班级		小组成员	
完成日期		分工内容	
报告内容			
1. 功能码查看和修改			
2. 查看状态参数			
3. 电机参数自动调谐			

项目 7-2 变频器主轴控制调节

主轴是数控机床的核心部件，主轴一旦出现故障，则直接影响机床的正常使用。主轴的故障除了机械部件的损坏，大部分的故障来自于主轴的驱动装置。主轴的驱动装置常用的有伺服放大器和变频器。模拟量控制的主轴驱动装置常采用变频器实现控制。因此，需掌握好变频器主轴控制的相关知识，才能更好地对主轴故障进行诊断和排除。

一、认识主轴驱动系统

1. 主轴驱动系统的概念

数控机床主轴驱动系统是主传动的动力装置部分。主轴驱动系统提供的动力通过传动机构转变成主轴上安装的刀具或工件的切削力矩和切削速度，在进给运动的配合下，加工出理想的零件。它是零件加工的成型运动装置之一，它的精度对零件的加工精度有较大的影响。因此，在数控机床中，主轴驱动系统也是一个重要的部分。

2. 主轴驱动系统的组成

数控机床主轴驱动系统是由主轴驱动装置、主轴电机、传动机构、主轴信号检测装置及主轴辅助装置组成。

（1）主轴驱动装置。主轴驱动装置是主轴驱动系统的大功率执行机构，其功能是接收 CNC 控制系统的 S 码（速度指令）及 M 码（辅助功能指令），驱动主轴进行切削加工。它接收来自 CNC 的驱动指令，经速度与转矩（功率）调节，输出驱动信号驱动主轴电动机转动，同时接收速度反馈实施速度闭环控制。它还通过 PLC 将主轴的各种现实工作状态反馈给 CNC 用以完成对主轴的各项功能控制。主轴驱动装置可以是伺服放大器，也可以是变频器。

（2）主轴电动机。主轴电动机是主轴驱动的动力来源，可以是普通型电动机、变频专用电动机及系统专用的主轴电动机。

（3）传动机构。数控机床主轴传动主要有三种配置方式，即带变速齿轮的主传动方式、通过带传动的主传动方式及由变速电动机直接驱动主轴的传动方式。

（4）主轴信号检测装置。主轴信号检测装置能够实现主轴的速度和位置反馈，以及装置功能的信号检测（若主轴定向和刚性攻螺纹控制等），可以是主轴外置编码器、主轴电动机内装传感器及外接一转信号配合电动机内装传感器检测装置。

（5）辅助装置。辅助装置主要包括主轴刀具锁紧/松开控制装置、主轴自动换挡控制装置、主轴冷却和润滑装置等。

3. 数控机床对主轴控制的要求

随着数控技术的不断发展，传动的主轴驱动已不能满足要求。现代数控机床对主传动提出了更高的要求，包括以下几方面。

（1）调速范围要宽。

调速范围 rh 是伺服电机的最高转速与最低转速之比，即 rh=nmax/nmin。为适应不同零件及不同加工工艺方法对主轴参数的要求，数控机床的主轴伺服系统应能在很宽的范围内实现调速。

（2）位置精度要高。

为满足加工高精度零件的需要，关键之一是要保证数控机床的定位精度和进给跟踪精度。数控机床位置伺服系统的定位精度一般要求达到 1μm，甚至 0.1μm。相应地，对伺服系统的分辨率也提出了要求。伺服系统接受 CNC 送来的一个脉冲，工作台相应移动的距离称为分辨率。系统分辨率取决于系统的稳定工作性能和所使用的位置检测元器件。

（3）速度响应要快。

为了保证零件尺寸、形状精度和获得低的表面粗糙度值，要求伺服系统除具有较高的定位精度外，还应有良好的快速响应特性，即要求跟踪指令信号的响应要快。一方面伺服系统加减速过渡过程时间要短；另一方面是恢复时间要短，且无振荡。

（4）低速时大转矩输出。

数控机床切削加工，一般低速时为大切削量（切削深度和宽度），要求伺服驱动系统在低速进给时，要有大的输出转矩。

4. 常见主轴驱动系统的类型及特点

（1）由通用变频器和通用三相异步电动机构成的主轴变频调速驱动系统，这种实现方式结构简单，成本较低，多用于经济型数控机床（包括机床改造）的主轴调速之用。变频器的作用是将 50Hz 的交流电源整流成直流电源，然后通过 PWM 技术，逆变成频率可变的交流电源，驱动普通三相异步电动机变速旋转。

（2）由直流主轴速度控制单元和他励式直流电动机组成的直流主轴驱动系统。直流主轴电动机结构与永磁式电动机不同，由于要输出较大的功率且要求正、反转及停止迅速，所以一般采用他励式。为了防止直流主轴电动机在工作中过热，常采用轴向强迫风冷却或采用热管冷却技术。直流主轴速度单元是由速度环和电流环构成的双闭环速度控制系统，用于控制主轴电动机的电枢电压，进行恒转矩调速；控制系统的主回路采用反并联可逆整流电路，因为主轴电动机的容量大，所以主回路的功率开关元器件大都采用晶闸管元器件。主轴直流电动机调速还包括恒功率调速，由励磁控制回路完成。

（3）由交流主轴速度控制单元和交流主轴伺服电机组成的交流主轴伺服系统。交流主轴伺服系统又分模拟式和数字式两种，现主流产品大多为是数字式控制形式，由微处理器担任的转差频率矢量控制器和晶体管逆变器控制感应电动机速度，速度传感器一般采用脉冲编码器或旋转变压器。

交流主轴电动机大多采用感应异步电动机的结构形式，这是因为永磁式电动机的容量不能做得很大，对主轴电动机的性能要求还没有对进给伺服电动机的性能要求那么高。感应异步电动机是在定子上安装一套三相绕组，各绕组之间角度相差 120°，其转子是用合金铝浇铸的短路条与端环。这样的结构简单，与普通电动机相比，它的机械强度和电气强度得到了加强。在通风结构上也有很大改进，定子上增加了通风孔，电动机的外壳使用成形的硅钢片叠片，有利于散热，电动机尾部安装了脉冲编码器等位置检测元器件。

二、主轴变频驱动系统

主轴变频驱动系统是指使用变频器作为主轴驱动装置的主轴驱动系统。该系统的主要部件有变频器和三相异步电动机。

由异步电机理论可知,主轴电机的转速公式为:

$$n=(60f/p)\times(1-s)$$

其中,p 为电动机的极对数,s 为转差率,f 为供电电源的频率,n 为电动机的转速。从上式可看出,电机转速与频率近似成正比,改变频率即可以平滑地调节电机转速,而对于变频器而言,其频率的调节范围是很宽的,可在 0~400hz(甚至更高频率)之间任意调节,因此主轴电机转速即可以在较宽的范围内调节。

当然,转速提高后,还应考虑到对其轴承及绕组的影响,防止电机过分磨损及过热,一般可以通过设定最高频率来进行限定。

由变频器作为主轴驱动装置的主轴,我们常称之为模拟主轴,这是由于变频器与 CNC 控制系统间的信号是模拟量电压信号。在 FANUC 0i-mate C 数控系统中,系统把程序中的 S 指令值与主轴倍率的乘积转换成相应的模拟量电压(0~10V),通过 CNC 控制器 JA40 接口,输送到变频器的模拟量电压频率给定端,从而实现主轴电动机的速度控制。

任务实施

一、任务描述

某数控机床,采用的是 FANUC 0i-mate C 数控系统,使用汇川 MD 300 变频器作为主轴驱动装置。请完成变频器与数控系统的安装连接。

二、实施准备

请根据表 7-2-1 进行准备相关工具。

表 7-2-1 工具准备

序号	分类	名称	型号规格	数量	单位	备注
1	工具	螺丝刀"一"	5.0mm	1	把	
2		螺丝刀"十"	5.0mm	1	把	
3	设备器材	螺钉	M5	4	颗	
4		螺钉垫圈		4	个	
5		隔热板		1	块	
6		冷却风扇		1	个	
7		变频器	MD300	1	个	

三、实施过程

1. 接线方式

图 7-2-1 所示为汇川 MD 300 单相 220V 变频器连线图。

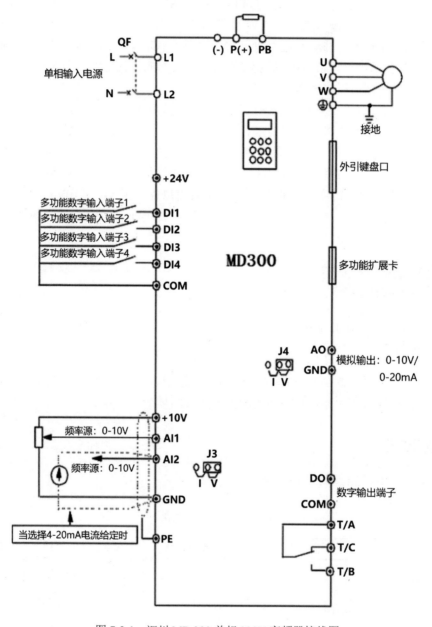

图 7-2-1　汇川 MD 300 单相 220V 变频器接线图

2. 变频器与 CNC 控制器的连接

将变频器的模拟输入端子 AI1-GND 连接到 CNC 控制器的 JA40 模拟输出接口上，如图 7-2-2 所示。因为微弱的模拟电压信号特别容易受到外部干扰，所以一般需要屏蔽电缆，而且配线距离尽量短，不要超过 20m。

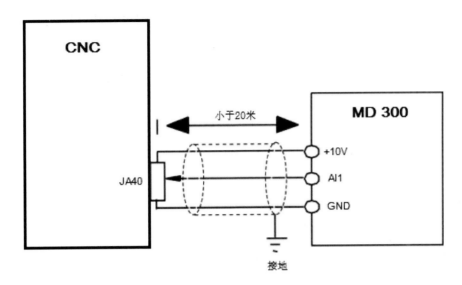

图 7-2-2　变频器与 CNC 控制器间的连接

3. 变频器与主轴电机的连接

将主轴电机三相线（U、V、W）分别对应连接到变频器输出端子（U、V、W），注意各相序不要接错。

4. 其他连接说明

（1）输入电源接入 L1、L2，变频器的输入侧连线无相序要求。

（2）直流母线（+）、（-）端子：注意刚停电后直流母线（+）、（-）端子尚有残余电压，须确认母线电压小于 42V 后方可接触，否则有触电的危险。不可将制动电阻直接接在直流母线上，可能会引起变频器损坏甚至火灾。

（3）制动电阻连接端子（+）、PB：30kW 以下且确认已经内置制动单元的机型，其制动电阻连接端子才有效。制动电阻选型参考推荐值且配线距离应小于 5m。否则可能导致变频器损坏。

（4）变频器输出侧 U、V、W：变频器输出侧不可连接电容器或浪涌吸收器，否则会引起变频器经常保护甚至损坏。电机电缆过长时，由于分布电容的影响，易产生电气谐振，从而引起电机绝缘破坏或产生较大漏电流使变频器过流保护。大于 100m 时，须加装交流输出电抗器。

（5）接地端子：端子必须可靠接地，接地线的阻值小于 5Ω。否则会导致设备工作异常甚至损坏。不可将接地端子和电源零线 N 端子共用。

四、实施项目任务书和报告书

1. 项目任务书

项目任务书

姓名		任务名称	
指导老师		小组成员	
课时		实施地点	
时间		备注	
任务内容			
汇川 MD 300 变频器与 FANUC 0i-mate C 数控系统的连接			
考核项目	1. 变频器与 CNC 控制器的连接		
	2. 变频器与主轴电机的连接		
	3. 其他连接		

1. 项目任务报告

项目任务报告

姓名		任务名称	
班级		小组成员	
完成日期		分工内容	
报告内容			
1. 变频器与 CNC 控制器的连接			
2. 变频器与主轴电机的连接			
3. 其他连接			

教学评价

教学评价包括学生自评、学生互评和教师评价。

1. 学生自评

学生自评表　　　　　　　　　　　　年　月　日

姓名		模块名称	
项目名称		实际得分	标准分
计划与决策（20分）			
是否考虑了安全和劳动保护措施			5
是否考虑了环保及文明使用设备			5
是否能在总体上把握学习进度			5
是否存在问题和具有解决问题的方案			5
实施过程（60分）			
			15
			15
			15
			15
检查与评估（20分）			
是否能如实填写项目任务报告			5
是否能认真描述困难、错误和修改内容			5
是否能如实对自己的工作情况进行评价			5
是否能及时总结存在的问题			5
合计总得分			100
困难所在：			
对自评人的评价：　□满意　　□较满意　　□一般　　□不满意			
改进内容：			
学生签名		教师签名	

2. 学生互评

学生互评表　　　　　　年　月　日

学生姓名		模块名称	
项目名称		实际得分	标准分
计划与决策（20分）			
是否考虑了安全和劳动保护措施			5
是否考虑了环保及文明使用设备			5
是否能在总体上把握学习进度			5
是否存在问题和具有解决问题的方案			5
实施过程（60分）			
			15
			15
			15
			15
检查与评估（20分）			
是否能如实填写项目任务报告			5
是否能认真描述困难、错误和修改内容			5
是否能如实对自己的工作情况进行评价			5
是否能及时总结存在的问题			5
合计总得分			100
完成不好的内容： 完成好的内容：			
对自评人的评价：　□满意　　□较满意　　□一般　　□不满意			
改进内容：			
学生签名		测评人签名	

3. 教师评价

教师评价表 年 月 日

学生姓名		模块名称	
项目名称		实际得分	标准分
计划与决策（20分）			
是否考虑了安全和劳动保护措施			5
是否考虑了环保及文明使用设备			5
是否能在总体上把握学习进度			5
是否存在问题和具有解决问题的方案			5
实施过程（60分）			
			15
			15
			15
			15
检查与评估（20分）			
是否能如实填写项目任务报告			5
是否能认真描述困难、错误和修改内容			5
是否能如实对自己的工作情况进行评价			5
是否能及时总结存在的问题			5
合计总得分			100
完成不好的内容： 完成好的内容：			
完成情况评价： □很好　□较好　□好　□一般			
教师评语：			
学生签名		教师签名	

学后感言

_____

_____

_____

_____

_____

_____

_____。

 任务习题

1. 什么是变频器？变频器有什么作用？
2. 变频器的分类有哪些？
3. 变频器的工作原理是什么？
4. 变频器的频率指标有哪些？
5. 什么是主轴驱动系统？
6. 数控机床对主轴控制有什么要求？
7. 都有哪些常见的主轴驱动系统及其特点？
8. 什么是主轴变频驱动系统？

参 考 文 献

[1] FANUC 数控机床内部维修说明书,FANUC 公司,2005.
[2] 付强. 数控机床故障诊断与维修 [M]. 北京:机械工业出版社,2016.
[3] 朱强. 数控机床故障诊断与维修 [M]. 北京:人民邮电出版社,2014.
[4] 蒋建强. 数控机床故障诊断与维修 [M]. 北京:电子工业出版社,2007.